Think Galaxy

シンク・ギャラクシー

銀河レベルで考えろ

はじめに

本書は、よりよい人生を獲得するために、「宇宙」を科学的かつユーモラスに役立てていく本だ。

＊

今、地球には、イライラやクヨクヨが蔓延《まんえん》している。

せっかく、この地球《ほし》に人間として生まれてきたのに、悪魔のように怒っている人や、5日目のもやしのように自信をなくしている人が多い。

しかし、日常の悩みは、銀河レベルで考えりゃ、すべて誤差だ。

2時間も連絡が来なくてイライラした？　2分だろうが、2時間だろうが、2週間だろうが、太陽系の歴史46億年に比べりゃ、大した差はない。誤差だ。

突然、来てほしいと頼まれてしんどい？　隣の部署だろうが、山奥の田舎だろうが、フランスだろうが、月までの38万キロメートルに比べりゃ、どこも近所。誤差だ。

顔にシミができた？　太陽の黒点に比べりゃ、誤差、**誤差にすぎないのだ！**


視野を広げよう。器を大きくしよう。相手も自分も、許し、受け入れ、笑顔にしよう。そのために、究極にビッグで、底なしにロマンチックな宇宙を役立てるのだ。


本書でカギとなる**「誤差」**という言葉の使いかたについて述べておこう。

広辞苑によると「誤差」とは「真の値と近似値または測定値との差」とある。

例えば、体重。本当の体重が72・575キログラムだとしよう。デジタル体重計で測ると72・5キロと表示されるだろう。この差0・075キロを誤差という。

世の中のすべての測定値には、誤差が生じる。しかし、本当の値から少々ずれていても、大事には至らないことが多い。そういう差を「誤差の範囲内」や「許容範囲内の誤差」「許容誤差」などと言う。

温泉にある体重計だと、72キロと73キロの間をフラフラすることもあるだろう。しかし、そこに高い精度を求める人はそういない。さらに「まぁ、72キロだな」「四捨五入して70キロってことにしちゃおう」なんて解釈してしまう。

すべては、ものさしの精度と、それを許すか許さないかの受け入れる側の問題なのだ。医療現場や物づくりの現場では、ミリ単位や0・0001%以下の誤差が要求されることもあるが、日常のほとんどの物事はそこまで深刻ではない。

ならば、日常の悩みを「宇宙のものさし」で測ることで、「許容範囲の誤差」と見なそうじゃないか。**人間の本来あるべき真の姿は**、イライラ、クヨクヨで歩みを止めることではない。**この広い宇宙で奇跡的に生まれた命を燃やし、前に前に突き進んでいくこと**なのだ。

これが「銀河レベルで考える」ということなのだ。

各章の内容を紹介しよう。

第1章では、日常のイライラやクヨクヨを、宇宙にあるさまざまなモノと比較しながら、痛快に解消していく。うすらネガティブな状況を前向きにとらえるユーモアをふんだんに詰め込んでいる。**読んでいくうちに、自然と視野がスカッと広がる。**

第2章では、**ただ星を見るだけ**で起こるココロとカラダの変化を紹介する。神秘的だが、断じてインチキなスピリチュアルではない。科学的な研究に基づき、筆者なりに導き出した答えだ。

第3章では、友だち、恋人、夫婦、親、子……あなたにとって**大切な人を楽しませるオリジナルの星空観測法**を伝授する。科学的な知識だけでなく、想像力をかきたてる物語や楽しいトリビアも織り交ぜている。

筆者が何者で、どんな想いをもってこの本を著したのかは、「おわりに」に記した。

本書のどこか一部でも、あなたの人生にプラスになるものがあれば、幸いである。

宇宙博士　井筒 智彦

銀河レベルで考えろ
Think Galaxy

NASA
NASA
COMMANDER

クヨクヨ編

第3章 宇宙を武器に喜ばせろ　132

人も自分も楽しませる「宇宙のあそびかた」

おわりに　212

Think Galaxy

1

銀河の
視野を
持て

第1章 銀河の視野を持て

人の悩みは、宇宙と比べりゃすべて誤差

イライラ編

今、地球人は、実にイライラだっている。

相手のミスを許さず、何かあればすぐに怒る。自分と直接関係のない出来事だとしても、テレビやネットで納得のいかないことがあれば、ＳＮＳで非難の言葉を浴びせかける。気持ちに余裕がないので、相手のことをなかなか受け入れられないのだ。

でも、そんなにイライラしなくてもいいじゃないか。
あらゆるイライラの原因は、銀河レベルまで視野を広げりゃ、すべて誤差だ。

宇宙の視野を持ち、銀河級の器で、許してあげよう。

イライラ① 待たされる

人に待たされて、イライラすることは誰にでも経験があるだろう。待ち合わせや会議に遅刻する人、メールの返事が遅い人、締め切りを守らない人……。あるいは、予定時刻に来ないバスや電車にイラだつこともあるだろう。

しかし、**太陽系の歴史46億年に比べたら、すべては誤差**だ。2分だろうが、2時間だろうが、2ヶ月だろうが、大差ない。

遅れるのには、たいていなんらかの事情があるものだ。友人や社会人としてはNGだとしても、地球人としてはOK。

宇宙のはじまりは１３８億年前。太陽や地球の誕生は46億年前。

そして地球に生命体が生まれたのは、38億年前、海のなかだ。当時は太陽からの紫外線が強すぎて、生物は海から陸に上がることはできなかった。やがて、酸素が生まれ、オゾンが生まれ、紫外線が吸収されるようになった。海のなかの生物は、地上の紫外線が安全なレベルに下がるまで、ずっと待ち続けた。

ようやく生物が陸に出てこられるようになったのは、今から約４億年前。つまり、**34億年もの間、生物は海のなかで待ち続けた**のである。何代も何代も命のバトンをつなぎ、少しずつ進化しながら。

たとえば、飲食店が混雑しているとき、注文した料理が遅れることもあるだろう。「お待たせして本当にスミマセン……」と恐縮する店員に、怒りをぶつけるのはもうよそう。

筆者もよく経験することであるが、自分のミスで大事な約束に遅れていると、「ひゃあ、怒られるかもしれないなぁ」「今後の関係に支障がでたらイヤだな……」と思い、不安な気持ちになる。

そんなとき、相手が「気にしないでください。46億年に比べたら、誤差ですから」と許してくれたら、どうだろう。ほっと救われた気持ちになるはずだ。

フランスの聖職者アンリ・ラコルデールの言葉を引用しよう。

「一瞬だけ幸福になりたいなら、復讐しなさい。永遠に幸福になりたいなら、許しなさい」

「46億年に比べりゃ誤差」は、人を許し、幸せになるための**銀河の合い言葉**だ。

応用例

「キミ！　何時だと思ってるんだ！」

「すいません……あの……」

「キミ!!　2時間と7分も遅刻じゃないか！」

「えっと……朝に……アラームが……鳴りませんで……その……」

「キミ!!!　寝坊かね！　社会人失格だよ！」

「2人ともどうしたんですか？　2時間の遅刻？　なんだ、46億年に比べりゃ誤差ですよ。係長、そんなに怒らないであげましょう」

「ゴサヒコ君、そうは言ってもね、社会で生きていくというのは……」

「係長、かつて生命は、34億年間も海のなかで待ち続けたんですよ。少しずつ進化して、チャンスをうかがいながら。太古の海にいる自分を想像してみましょう。海で流されないように碇《いかり》を沈めて。すると、だんだん怒りも静まりますよ」

「キミ！　２時間も遅刻だぞ」

「寝坊しちゃいまして…」

「怒らない、怒らない。
46億年
に比べりゃ、**誤差**ですよ」

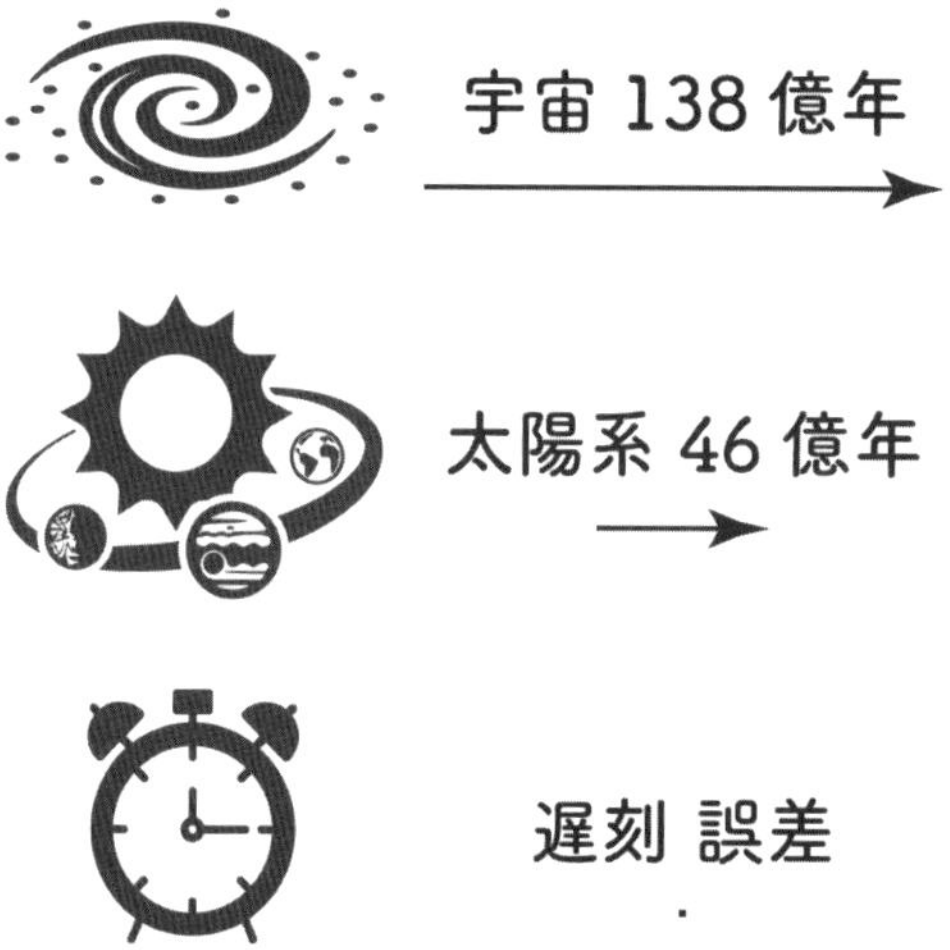
宇宙 138 億年
太陽系 46 億年
遅刻 誤差

イライラ② 長距離の移動

急な願いで移動を強いられるとき、あなたはイヤな顔せず快く引き受けられるだろうか？

ちょっとしたお使いから、遠方への出張。単身赴任や遠距離恋愛の状況下で「トラブルがあったからすぐに来てほしい」と。

こんなとき「面倒くさいなあ」とイラだってはいけない。

1969年、**人類は38万キロメートルも離れた月まで行った**のだ。それを思えば、国内はおろか、**地球上での移動は誤差**だ。

東京から大阪までは、約400キロ。東京 ― 韓国ソウル間は約1200キロ。東京――パリ間で約９７００キロ。

地球を1周しても、せいぜい4万キロだ。月までの距離で地球を10周近くできる。泣き言を言っていいのは、最も近いときでも地球から７５００万キロ離れている火星に行く場合のみだ。

しかも、地球上での移動手段は快適だ。

月に行ったアポロ宇宙船は、とてつもなく狭い空間に3人がぎゅう詰めだった。当時の宇宙船にはトイレはなく、**透明のビニール袋を尻にあてながら排泄**するしかなかった。プライバシーはない。

アポロ10号では、そのビニール袋から中身が漏れ出すというとんでもない事件が発生している。

「うわ、どっから来た？　ナプキンを取ってくれ。クソが浮かんでる！」

「断じて、オレのじゃないぞ!!　オレのはもっとゆるかったのだ！」

「自分のでもありません、サー」

と、気高い宇宙飛行士たちがクソをなすりつけ合うほど過酷なミッションだった。

だから、たかだか4万キロメートルの範囲内で、人前で排泄する必要のない清潔で快適な乗り物で行けるのだから、十分すぎるほど恵まれている。地球内であればどこも近所。

そんな気持ちで、距離の壁を越えてあげよう。

ただし、「38万キロに比べりゃ誤差」は、受け入れる側の合い言葉。この文言で誰かに長距離移動を強いることに使ってはいけない。

応用例

「ゴサヒコ先輩、ちょっと聞いてもらえます？　僕の彼女、仕事が忙しくなると『私よりも仕事が大事なのね』ってすぐ拗《す》ねるんですよ。なんとか時間をつくるんですけど、なんせ遠距離恋愛なんで、けっこう移動が大変で。あんまり言われるもんだから、ついイライラしちゃうんです」

「遠距離って、どれくらいだ？」

「東京と広島なので、だいたい900キロです。新幹線で片道4時間なんですけど、お金に余裕がないときは、車か夜行バスで12時間かけていきます」

「12時間なんて、46億年に比べたら誤差だろ。人類は、38万キロ離れた月に行ったんだぞ。900キロも誤差、誤差、誤差！」

「誤差……ですか……。夜行バスは窮屈だし、車中泊もカラダしんどいんですけど……」

「月に行ったアポロ宇宙船は、もっとジゴクだぞ。仲間の前でケツ出してクソしなきゃいけないからな」

「なんですって!!」

「それにな、アポロ計画で月に降り立つと、私生活がめちゃくちゃになるんだ。**12人いるムーンウォーカーは、合計で12回離婚しているんだぞ！**　1人で3回離婚している飛行士もいるから全員じゃないが、単純な確率でいえば100%だぞ」

「えー、そんなに⁉」

「だから、こんなに恵まれた環境で、必要としてくれる人がいるんだから、それに応えてやるのが男ってもんだろ」

「なるほど、先輩、さすがっす！　さっそく今から彼女に会いに行ってきます。月の話を聞いたら、ムンムンしてきました！」

突然の呼び出し？
月までの 38 万キロ
に比べりゃ

誤差さ！

イライラ③ 忙しいのに頼まれる

やるべきことが多すぎて、途方にくれる。そんな忙しいなか、面倒なお願いごとを頼まれると、イライラする。こんな悩みもあるだろう。

そんなときは夜空の星を思い浮かべてみればいい。

肉眼で見える星は、1等星から6等星までで、全天で8600個ある。北半球から見えるのは、その半分。つまり、**暗い夜空を見上げたときに、目に映る星の数は約4000個**ということだ。それほどの数の仕事がたまっていることはないはずだ。

宇宙には、目に見えない星がまだまだたくさんある。

夏の夜空にまたがる天の川。もやもやしている天の川を双眼鏡や天体望遠鏡で覗いてみると、小さな星の集まりであることがわかる。

もやもやの天の川は、僕らの太陽系が所属している「天の川銀河」の中心方向を見ているものだ。この**天の川銀河には、約２０００億個の星がある**。

これまで、宇宙には、このような銀河自体が２０００億個もあると言われてきた。２０１６年、ハッブル宇宙望遠鏡のデータを解析したノッティンガム大学のクリストファー・コンセーリチェ氏らの研究から、**宇宙には銀河が２兆個ある**ことが判明した。従来の10倍だ。

しかも、これはわれわれが観測できる範囲の宇宙の話で、宇宙はまだまだ広い。さらに近年では、宇宙は１つだけではないという説も存在している。

あまりにも膨大な数の星が、宇宙にはあるのだ。

アイルランドの牧師、フレデリック・ラングブリッジのこんな言葉がある。

「２人の囚人が鉄格子の外を眺めた。１人は泥を、もう１人は星を見た」

同じ境遇にあっても、物事をどう見つめるか、今の状況を「忙しい」と思うか、「楽勝！」と思うかは、自分次第だ。

もし目の前のことに行き詰まったら、夜空の星を見上げて、その奥に広がる究極にビッグな宇宙と、目に見えない無数の星を想像してみよう。

宇宙の星の数と比べたら、やるべき仕事の数なんて、誤差だ。

誰かに助けを求められたら、快く協力してあげよう。1つずつこなしていけばいい。

応用例

「ゴサヒコ先輩、こないだはありがとうございました！　38万キロに比べりゃ誤差理論で、彼女喜んでました」

「役に立ててよかったよ」

「ただ、彼女は喜んだんですが、疲れで仕事進まなくて。ホント、情けない自分にイライラします……」

「よくあることさ。確か、アインシュタインが言ってたかな、『**必要なときに誰かが責めてくれるから、自分で自分を責めるな**』ってな。だから自分をダメなヤツだと責めちゃいかんぞ。困ってるなら手伝ってやるよ」

「え……でも先輩、こないだ、新規プロジェクト立ち上げたばかりですよね？」

「オレの仕事の数なんて、星の数に比べりゃ誤差だよ、誤差！」

「星って、どれくらいあるんですか？」

「1個の銀河に2000億、その銀河がざっと2兆個。ならば、オレも二丁拳銃でバンバン仕事をこなしていくだけさ」

「先輩は、ボクにとってのスターです！」

ちょっと仕事ためちゃったかな
まぁ、**星の数**に比べりゃ
誤差だな

夜空の星	4000 個
銀河の星	2000 億個
宇宙の銀河	2 兆個

イライラ④ 自分だけ逆風

組織のなかで自分だけが浮いている。新しいことにチャレンジしようとしても、周りが手助けしてくれない。自分にだけ風当たりが強い、逆風が吹いている。そんなふうに感じ、自分を認めてくれない周囲にイラつくこともあるだろう。

宇宙には、もっと猛烈な風が吹いている。

まず、地球に吹く風を見てみよう。
台風は、平均の最大風速が毎秒17・2メートル以上になる熱帯低気圧のことを言う。**風速が毎秒20メートルを超えると、人は立っていられなくなる。**日本の最大瞬間風速は、1966年、沖縄県の宮古島で記録された毎秒85・3メートル。

金星の風は、もっと強烈だ。金星は分厚い硫酸の雲で覆われているが、高度60キロの雲のなかでは、絶えず**毎秒１００メートル**の猛烈な風が吹いている。金星は自転周期が２４３日と遅いのに、その60倍ものスピードなのだ。「スーパーローテーション」と呼ばれていて、いまだに謎に包まれている。

木星には、「大赤斑《だいせきはん》」という渦巻きがある。地球をすっぽり飲みこむ大きさで、ここは最大**毎秒１９０メートル**の嵐になっている。

太陽系で最大の風が吹くのは、海王星で、なんと毎秒６００メートルだ。

太陽系の外へ視野を広げてみよう。地球から63光年にある系外惑星**ＨＤ１８９７３３ｂ**。地球のような深い青色をした惑星であるが、ここでは、**毎秒２０００メートルの風**が吹いている。台風の１００倍の強さだ。しかも、**ガラスの雨**も一緒に襲いかかる。

こんな疾風怒濤の宇宙と比べりゃ、あなたの感じる逆風は、頬《ほほ》をくすぐるそよ風に等しい。

風は悪いことばかりではない。子どものころに遊んだ「凧揚げ」は、風を正面に受けるからこそ、高く舞い上がれる。

強い風当たりや逆風は、むしろ、あなたをさらに高みに運ぶチャンスととらえればいいのだ。

応用例

「ゴサヒコ先輩！　大丈夫っすか？」

「何が？　どうした？」

「いや、先輩がこないだ立ち上げたプロジェクト、社内で猛反発にあってるじゃないですか」

「チャレンジとは、そういうもんさ。10人中９人が、いや10人中30人が反対するくらいが、ちょうどいい」

「でも、あまりにリスクが高いってことで、人数も予算も減らされて、めちゃめちゃ逆風じゃないですか」

「この程度の逆風なんて、爆風プラネットに比べりゃ誤差、心地いいそよ風みたいなもんさ。むしろ、こっちがビシッと旋風を巻き起こして風穴をあけてやるぜ！」

「ボク、先輩についていきます！」

台風の100倍の強さで
ガラスの雨が降る
爆風プラネットに比べりゃ

組織で感じる逆風なんて誤差
そよ風さ

「地球の風は心地いいですね」

イライラ⑤ ギャグが寒い

円滑なコミュニケーションを図るうえで、どうしていいのか悩ましいのが、上司が発する「おやじギャグ」。あまりにセンスのないギャグに、返答のしようがないほど寒い思いをすることもあるだろう。

しかし、その程度の寒さは、ベリーコールド極まりない宇宙に比べりゃ、誤差だ。

宇宙飛行士が作業をする国際宇宙ステーション。太陽光が当たる部分は、100℃。一方、日の当たらない部分は、マイナス100℃。地上で観測された最も寒い気温は南極のマイナス98℃なので、日陰は常に南極状態だ。

月はさらに寒い。太陽の光が当たっている昼間は110℃。一方、日の当たらない夜にはマイナス170℃もの極寒になる。

暗黒の宇宙空間は、さらに低い温度で、**マイナス270℃**。すべての物質が動きを止める絶対零度がマイナス273℃なので、ほんの少しだけ温度を持っている。これは宇宙マイクロ波背景放射と呼ばれ、宇宙が誕生した**ビッグバンの名残り**だと考えられている。

寒いといっても宇宙空間はほぼ真空なので、真空エリアに包まれた魔法瓶のように、体温が奪われるわけではない。宇宙服なしで宇宙空間にほうり出されると、寒さではなく、空気がないことで死ぬことになる。いくらおやじギャグが寒くて空気が読めていなくても、空気があるだけ暗黒の宇宙よりはマシなのだ。

宇宙には、暗黒空間よりも寒い場所がある。

それは、**ブーメラン星雲**という天体だ。温度は**マイナス272℃**。ここでは、時速60万キロメートルという猛烈な風が吹き荒れているため、膨張した空気の温度が下がるように、とてつもない極寒の地となっている。

こういった果てしなく寒い宇宙に比べりゃ、ギャグの寒さなんて、むしろトロピカルだ。

実は、死の世界と隣り合わせの**宇宙飛行士には、「ユーモア」の資質があるかどうかが重要視されている。**ユーモアは、張りつめた緊張の糸をほぐし、コミュニケーションを円滑にする。悲観的な状況を前向きにとらえるひと言は、日常に限らず、宇宙でも大きな力を持つのだ。

通常、ユーモアには、センスが必要とされる。

宇宙飛行士の若田光一さんは、ダジャレばかりを言うＪＡＸＡの上司に対して「つまらないなぁ」と感じていたそうだ。しかし、**周囲を和ませようとする心意気**に気づき、受け入れるようになると、だんだん面白く感じられるようになったという。

銀河級の器で受け入れることが大事なのだ。

若田さん自身はシャレを言うのが得意ではないので、**自分の失敗談を笑い話として披露することで、仲間との絆を深める**ようにしているそうだ。

宇宙飛行士の金井宣茂さんは、筆者からの「宇宙で何かユーモアを披露されたことはありましたか？」という質問に対して、こんな話を聞かせてくれた。

宇宙服を着て国際宇宙ステーションの外に出て作業を行う「船外活動」。宇宙飛行士の花形であり、最も危険な仕事だ。金井さんが人生初の船外活動をおこなう前日、ロシア人船長が映画を観ようと誘ってくれた（宇宙ステーションには、スクリーンとプロジェクターがあるので映画が観られる）。その映画は、船外活動中に宇宙ゴミが襲い掛かり、宇宙ステーションは粉々になり、宇宙飛行士も暗黒の宇宙に投げ出され悲惨な目にあう……という宇宙映画『ゼロ・グラビティ』だった。

緊張する船外活動前日に、宇宙飛行士が死にまくる映画を観るなんて信じられないと思うかもしれないが、金井さんはロシア流のユーモアだと感じたそうだ。

もし、船外活動中にささいなミスをしたとしても『ゼロ・グラビティ』と比べたら誤差、リラックスして臨もうじゃないか、という意味が込められていたのだろう。

ユーモアとは思いやりだ。よかれと思って放たれたユーモアは、たとえセンスが合わなかったとしても、心のこもったあたたかいものなのだ。気持ちよく受け取ろう。

寒い親父ギャグ？

-270℃の宇宙

に比べりゃ誤差

むしろ**トロピカル**さ

「よかれと思って、
　　　公共の電波に宇宙ダジャレ乗せてます」

話がオチなくてもいいじゃない、だって無重力だもの

イライラ⑥ ムカつく

職場やご近所、学校などのコミュニティで、自分勝手なことを言ってくるイヤなヤツに遭遇したことがあるだろう。日常的に顔を合わせる場合、大きなストレスを感じてしまう。

そんなときは、**超上から目線の宇宙から俯瞰《ふかん》した視点で見よう。**上からすぎて、考えや環境など、すべての違いがフラットに見えてくる。

宇宙から地球を見た、ソユーズ25号船長ウラジミール・コバリョーノクの言葉だ。

「サハラ砂漠の砂嵐で巻き上げられたオレンジ色の雲が、気流でフィリピン上空まで運ばれ、雨で地上に降っていくのを見た。そのとき、私たち地球人はみんな同じ船で旅しているのだと悟った」

そう、僕らは、**どんな人間だって同じ地球人かつホモ・サピエンス**なのだ。あくまでも地球の範囲内での、価値観や性別、地域・国、宗教などの違いを、互いに認められないことでトラブルが生じている。

世界的名著、D・カーネギー『人を動かす』においても、相手がどんな悪人であっても「批判しない、非難しない」ということを大原則に掲げている。

相手の立場に身を置いたり、相手の興味に関心を寄せたりすることで、はじめて円滑なコミュニケーションができ、良質な人間関係を築くことができるのだ。

宇宙に行かなくても、宇宙からの視点で見ることはできるだろうか？　大丈夫。インド人初の宇宙飛行士ラケシュ・シャルマはこう言っている。

「かならずしも宇宙に行かなくても、人は心を広く持つことはできるはずだ」

どんなクソジジイも、クソババアも、クソガキも、同じ地球人だ。

応用例

「ゴサヒコ先輩、聞いてください。最近、先輩のすすめる『銀河レベルで考えろ』ってやつがだんだんと身についてきたかと思ったんですけど、どうしても許せないことがあったんです」

「ほう、どうした？」

「いや、隣に住んでる爺さんなんですけどね、夜テレビ観てると『遅い時間にうるさいぞ』って怒鳴ってくるんです。まだ9時とかにですよ。ほかにも無理やり悪いところを見つけ出しては、ガミガミ言ってくるんです」

「元気なおじいちゃんでいいじゃないか」

「いや、ただの意地悪クソジジイですよ。早く別の世界に行ってほしいです」

「クソジジイも同じ地球人だよ。きっと、相手してくれる人がいなくて淋しいんだよ」

「そういや、おばあちゃんが生きてたころは、爺さん、もっと優しかったな」

「銀河級の器で、包み込んでやれ。それに、何か言ってくれるうちが花だよ。どうせなら、仲良くなって話のほうも花を咲かせちゃえばいいんだよ」

どんなクソジジイも
同じ地球人

イライラ⑦ 超絶ムカつく

どんなクソジジイも同じ地球人。そうは言っても「こいつ宇宙人じゃねえか?」と思うほど、会話が成立しない、理解し合うことなんて不可能だというヤツに遭遇することもあるだろう。

そんなときは、具体的に**宇宙人を想像してみよう。ヤバいなんてもんじゃない。**

2017年、NASAは、地球から39光年離れた惑星**トラピスト1e星**に生命が存在する可能性がある、と発表した。そこには、地球のヤバいヤツとは比べものにならない、激ヤバ宇宙人がいると考えられる。

トラピスト1e星は、自転の周期と、中心の星を回る公転の周期が同じ。つまり、**星の前側半分にはずっと中心星の光が当たり続け、後側半分にはまったく光が当たら**

ない、光と影の星なのだ。

ここで生まれ育った宇宙人は、どんな性格になるだろう？　想像してみよう。

光半球は、きっとラテンな雰囲気の宇宙人が多いだろう。一方、影半球の宇宙人は、超絶ネガティブに違いない。会話はできず、鳥肌が立つ暗く嫌な言葉を一方的に脳内にネチネチ語り続ける。そんな能力を持っていても不思議ではない。

そう考えると、**身のまわりにいるどんな話の通じないヤツも、トラピスト１e星人に比べたらかわいいもの**だ。僕ら地球人は、互いに歩み寄れば必ず理解し合える人種なのだ。

近年、観測技術の向上により、地球のように生命の住める惑星が、飛躍的に発見されている。夜空に見える星の半分くらいには、生命がいる惑星があるのではないかと考えられている。生命が住めるといっても、地球とは環境が異なる星だ。そこにいる宇宙人もまったく違った性格だろう。

たとえば、地球から４光年離れたプロキシマ・ケンタウリbという惑星。ここも生命が存在する可能性が高い惑星として、多くの研究者が議論を深めている。この惑星からは3つの太陽が見え、その太陽から放出されるフレアによって大気が吹き飛んでいる。地球とはまったく違う世界だ。ここにいる宇宙人は、どんな姿で、どんな性格をしていて、どんな能力を持っているのだろう？

視野を広げて、想像力を膨らませてみよう。間違いなく宇宙には、理解不能な、超絶ヤバい宇宙人がいるはずだ。そう思えば、僕らのまわりにいるどんなにうっとうしいヤツも、同じ地球人にすぎない。

応用例

「ゴサヒコ先輩！　例の爺さんとは仲良くなったんですよ。でも今度は､プロジェクトの件で。ほら、あそこにいるヤツら。ボクらがうまくやってるのを妬んでいるのか、ありもしないデマを流したり、悪口めっちゃ言ってくるんですよ。アイツら、昔、学校でもいじめっ子だったはずですよ。あんな卑怯《ひきょう》なヤツらも許せって言うんですか」

「そうだな、同じ地球人だからな。宇宙には超絶うっとうしい宇宙人がいるから、嘘や悪口を言うくらいならかわいいもんさ。もちろん、法に触れるようなことならダメだけどな」

「宇宙人がいるとか、何言ってるんですか！　空想でしょう。現実にイヤなヤツがいるんですよ」

「オレが言いたいのはな、今、この環境がどんだけ恵まれているかってことだよ。ホント、地球で生きるってのは素晴らしいことなんだぞ。黒澤明監督の『生きる』観たか？」

「いや、観てないです」

「そうか。ある日、突然、自分の余命が３ヶ月だと知った男が主人公でな、まぁ一生懸命働きだすんだよ、命に限りがあると意識してから。そこにある環境で、できる限り精一杯。**『わしは人を憎んでなんかいられない。わしにそんなヒマはない』**って言いながらな」

「憎んでいるヒマはない……か」

「銀河レベルの視点で、イライラせずに、相手を許すのはな、自分のためなんだよ。せっかく広い宇宙で、2兆個も銀河があるなかで、奇跡的に生まれた命なんだから、許せるもんは全部許して、前に進もうぜ。常に、ドデカい宇宙からかけがえのないアースを見るんだよ、アースを」

「地球……アース……わかりました！　アースを見ながら、明日に向かって突き進んでいきます!!」

どんなにイヤなヤツも
ヤバい宇宙人に比べりゃ
かわいい地球人

この素晴らしい**地球**《アース》で
明日に向かって突き進もう

クヨクヨ編

今、地球人は、実にクヨクヨしている。

なかなか自分に自信が持てず、つい他人と比較をしては落ち込んでしまう。

でも、そんなにクヨクヨしなくてもいいじゃないか。

あらゆるクヨクヨの原因は、ビッグババーンと広がる宇宙に比べりゃすべて誤差なのだから。

相手がクヨクヨしていたら、太陽のようにあたたかく励ましてあげよう。

自分がクヨクヨしていたら、大気圏外まで笑い飛ばそう。

ＡＬＳ（筋萎縮性側索硬化症）という難病と闘いながら、偉大な業績を残した天才宇宙物理学者のホーキング博士はこう語っていた。

「人生とは、できることに集中することであり、できないことを悔やむことではない」

今の自分に自信を持って、やるべきことに全力を注ごう。

クヨクヨ①
大事な物が壊れた

日常で最もよくあるトラブルの1つが「物が落ちる」ことだ。誰しも手を滑らせることはあるし、落とした物が壊れて、落ち込むことがあるかもしれない。

しかし**物が落ちるのは、重力のせい**だ。誰も悪くない。

重力は、あらゆる物が持っている「他の物を引き寄せようと引っ張る力」だ。

天才物理学者ニュートンが、リンゴが木から落ちるのを見て重力を発見したと言われているが、この話は正確ではない。手を離せば、物が地面に落ちることは誰でも知っていた。

ニュートンは、月が地球を回ることも、地球や他の惑星が太陽を回ることも、リンゴが木から落ちることも、同じ重力（万有引力）の法則によって説明できるということを発見したのだ。

地上と宇宙をつなげる広い視野をもたらしてくれたことこそがニュートンの功績なのだ。

重力は、物の質量が大きいほど強い。地上では、地球が重いため、手から離れた物は地面に向かって落ちる。

そう、物が落ちるのは、地球が重いからであり、この宇宙に重力がはたらいているせいなのだ。

飲食店で店員が手を滑らせて、飲み物や料理の汁が服にかかってしまったとき、

「す、すみません！　お客さま、大丈夫ですか！」
「気にしないでください。重力のせいですから。よくあることです」

と優しく声をかけてあげよう。

友だちがあなたのスマホを落としてしまったときは、こうだ。


「あ、やべ。す、すまん。弁償するよ……」

「おや、また、重力が悪さしたね。安心してくれ。画面はひび割れても、ボクらの友情にひびは入らないさ！」


時に物を落とすことは、大きなショックを受けることもあるだろう。

そんなとき、「重力があるから物が落ちる。悪いのは重力だ」と言って、自分も、相手も、許してあげよう。

重力で物が落ちるほど、あなたの株は上がる。

大事なモノを落として
壊してしまったって？

キミのせいじゃない。悪いのは、

重力だ！

クヨクヨ②　太った

自分の体型に満足している人はあまりいないだろう。特に気になるのはお腹のたるみ。年齢を重ねると、日常のストレスが増えるだけでなく、代謝が落ちるので、太りやすく痩せにくくなる。けっこうやっかいな悩みだ。

しかし、夜空に浮かぶ星と比べたら、腹まわりの肉の増加なんて、誤差だ。

夜空でまん丸と肥えている月は、1兆トン×7300万倍。
太陽系最重量の惑星で、夜空に煌々と輝く木星は、1兆トン×2兆倍。
太陽は、1兆トン×2000兆倍。

光り輝く星（恒星）のなかで観測史上重い星は、蜘蛛のような形をしたタランチュラ星雲の中心近くにいる「**Ｒ１３６ａ１**」。質量は**太陽の３００倍**だ。
もし僕らの太陽とＲ１３６ａ１を入れ替えると、強い重力で地球を引っ張るため、公転スピードが早まって、１年は３６５日ではなく21日になってしまう。３週間に１回、年末の紅白歌合戦が開催されることになるくらいの影響力だ。重いというのは、むしろ楽しいことなのだ。

宇宙はまだまだ重い。宇宙でさらに重い天体は、ブラックホール。
天の川銀河の中心には、太陽の４００万倍重いブラックホールがある。宇宙には、太陽の１００億倍を超える重さのブラックホールもごろごろある。

こんな太っちょギャラクシーと比べりゃ、もはや人類は誰も太ってなんかいない。

シェリー・ベネットの小説『ラーラはただのデブ』（集英社文庫）で、主人公である美人高校生ラーラは奇病によって１００キロ近くまで太り続けて大いに悩んでい

た。このとき、ラーラの祖父は優しく、

「愛するところがちょっと増えたってことさ!」

と言葉をかけている。

宇宙的に見れば、「太った」というのは、重力を感じるところがちょっと増えただけのことだ。

大切なのは、体のサイズでなく、ハートのサイズだ。とは言え、健康のために、**適度なエクササイズ**は行うようにしよう。

宇宙の法則では、**恒星は質量が大きいほど燃料の消費が大きく、寿命が短い**。見た目のことは気にする必要はないが、健康には気をつけてほしい。

台湾の国家衛生研究院による41万人を対象にした研究から、毎日15分ウォーキングするだけで寿命が3年のびることが明らかになっている。

毎日15分の運動がしんどい？　15分など46億年と比べりゃ誤差だ。楽勝だ。

併せてウェイト・トレーニングもすれば、筋肉が増えて体脂肪が落ち、より健康的になる。重いと思っていたバーベルも、10キログラムだの、50キロだの、１００キロだの、星の重さからしたら？　そう、誤差だ。

応用例

「あら？　あなた、元気ないね」

「このズボンのな、チャックがしまらなくてな。学生時代は、細いのが自慢だったのに、こんな腹になっちまった。胃がブラックホールなんだよ」

「ふふ。ブラックホールと言っても、いろいろあるみたいよ。宇宙には意外と食べ残しするブラックホールもいるんだって。だから、あなたも食べる量を少し減らしてみたら？」

「へぇ、そうなのか？　不思議なヤツもいるんだな。でも、食欲はそう簡単に収まらないもんだよ」

「なら、気にせず食べたらいいじゃない。わたしは、あなたがたくさん食べる姿が好きよ。それにね、あそこに明るいお星さまがあるでしょ。ほら。あれ、木星よ」

「へぇ、いろいろとよく知ってるな」

「えぇ、テレビで観たの。木星って、体重が、1兆トンの2兆倍なんだそうよ」

「すごく重いんだな」

「そう、だからね、あなたは太ってないのよ。星と比べたら、誤差よ、誤差。あなたは、今のままでいいのよ」

「この前の血液検査でコレステロールが引っかかってたけど、それでも大丈夫かな？」

「だったら豆腐を食べましょ。こっちは1丁だけど」

ちょっと太ったかな？
まぁ、星の重さに比べりゃ
誤差だな

クヨクヨ③ ハゲてきた

これまた根深い悩みが、頭髪。知らず知らずのうちに生え際が後退し、頭頂部の毛髪が減ってくる。気にすれば気にするほどストレスをかかえ、これがさらなる頭髪へのダメージにつながる。おでこが広くなるほど、毛が薄くなるほど、頭の輝きが悩みになるだろう。

しかし、その程度の光の増加は、星の明るさと比べたら、誤差だ。

もしも、頭髪が少なくなり、100ワットの白熱電球のように光り輝いていたとしても、光量はせいぜい1500ルーメン。

これに対して、太陽は、4兆ルーメン×1京倍だ。

夜空では2等星で地味に輝く北極星（ポラリス）は、地球から離れているので暗く見えるが、実際の明るさは太陽の２５００倍。

先述の観測史上最も重い恒星Ｒ１３６ａ１は、最も明るい星の１つであると考えられており、その明るさは太陽の８７０万倍だ。

これらのシャイニング・ギャラクシーと比べりゃ、もはや誰もテカっていない。

ギリシャには、「月ではハゲ男がイケメン」なる言葉がある。

これからは、月の時代だ。アポロ月面着陸から50年経ち、人類は再び月に向かおうとしている。国際宇宙ステーションの月バージョンである「**ルナゲートウェイ**」構想が着々と進められているのだ。**薄毛を揶揄するような古い地球の価値観を持った人間は、やがて時代遅れになる**だろう。

毛根が弱り、抜け毛が激増している筆者は、薄毛を少しも恐れていない。**大切なのは、おでこの広さよりも視野の広さ。頭の輝きよりも、新しい時代をつくろうとする瞳の輝き**だ。もう、不毛な悩みとはおさらばだ。

応用例

「なんだか、最近、Mっぽくなってきたんだよね」

「M？　せめられたいってこと？」

「いや、頭のこと。両サイドの生え際が、後退してない？　昔の写真と比べたら、絶対ハゲてきてるよ」

「あら、そう？　どうってことないわよ。気にしない、気にしない！」

「気になるさ。人のプレゼンのときも、プロジェクターの光でおっさんの頭が輝いていると、そこばっかり気になるもん。オレもそう見られるんだよ」

「ねぇ、今日はいい天気。あの太陽に比べたら、あなたの頭の輝きなんて、もちろん誤差よ」

「誤差か。まぁ、そうだな。おでこのように、心も明るく生きなきゃな。カラッとした天気で、おでこも3カラットの輝き……なんてね」

「そういうところは、抜け目ないのね」

「最近、ハゲてきたなぁ」

「**眩しい太陽**
と比べたら、誤差よ」

クヨクヨ④

体臭

年齢を重ねるごとに気になってくるのが、体臭だ。頭髪、汗、オナラ……さまざまなニオイが、若いころはフローラルな香りだったのに、いつの間にか悪臭になっている。

疲労がたまると、汗がおしっこのように刺激的なニオイになる。疲れは、体内のアンモニアを増やすだけでなく、アンモニアを処理する肝機能を低下させる。処理しきれなかった分が、汗と一緒にあふれ出てくるのだ。

食生活が乱れ、腸内環境が悪化すると、硫化水素やインドールが増えて、オナラが臭くなる。年齢を重ねるごとに匂う加齢臭は、ノネナールやジアセチルといった成分が原因だ。

いろんなニオイ物質が、体内のミクロコスモスで生成され、周囲に解き放たれる。自分のカラダのニオイが気になり出すと、人と会ったり話をしたりするのがおっくうになる。

しかし、そういった**体臭は、宇宙の激クサ・プラネットと比べりゃ誤差**だ。

たとえば、天王星。

2018年、オックスフォード大学のパトリック・アーウィン氏らの研究チームが、ハワイのマウナケア山にあるジェミニ天文台の赤外線望遠鏡を使って、天王星の大気を観測し、硫化水素があることを発見した。

硫化水素は、温泉の「硫黄くさい」ニオイの正体であり、オナラにも含まれ、濃度が高まると腐った卵のニオイになる。

「クサいっ」とニオイが気になり、悪臭防止条例に引っかかるレベルは、硫化水素濃度が0・06ppm（1ppmは0・0001％の濃度）。

天王星で検出された硫化水素は、0・8ppm。10倍以上の高濃度だ。

天王星は、卵が激しく腐ったニオイのするクサい星なのだ。

続いて、木星。

木星の上層大気には、硫化水素はないが、アンモニアが大量に存在する。

アンモニア臭が気になり、悪臭防止条例に達するレベルは、２ｐｐｍ。木星探査機ジュノーによる２０１７年の観測によると、アンモニア濃度は、３６０ｐｐｍ。実に、**悪臭基準値の１８０倍の濃度**なのだ。「木星は、もう、くせぇ」なんて生ぬるいことを言えるレベルではない。

ちなみに、木星も天王星も酸素がないので、直接その場で匂いをかぐことはできない。しかし、探査機で大気を回収し、地球の空気と混ぜ合わせれば、ニオイを嗅ぐことはできるだろう。もし、そうなれば惑星兵器だ。人類の鼻がもげる。

いくら加齢臭やオナラのニオイが気になるといっても、天王星のような腐った卵よりもクサいニオイをばらまく人はいないだろう。いくら汗のニオイが気になるといっても、木星レベルのアンモニアを発することは不可能だ。

旧ソ連の宇宙飛行士アンドリアン・ニコラエフは、１９６２年、ボストーク３号による宇宙飛行のミッションを終え、地球に帰還したときにこんな言葉を残している。

「天気はかなり悪かった。しかし、地球のにおいがした。たとえようもないほど甘美でうっとりするようなにおいだった。
そして、風。宇宙に長く滞在したあとに肌で感じる地球の風は、本当に心はずむ思いがした」

すべての地球上のニオイは、愛すべきフレイバーだ。

「ニオイがきつくなってきたかな」

「木星や天王星
に比べたら、誤差よ」

「加齢臭…大丈夫かな…」

クヨクヨ⑤ ○○が小さい

人は身体的な大きさをよく気にする。顔、目、鼻、身長、デリケートな場所など。男性にとっての身長や男根の大きさ、女性にとっての胸の大きさは、自尊心に関わる大きな問題だ。

しかし、銀河レベルで考えれば、人類の大きい、小さい、などという比較はすべて誤差だ。その程度の大きさで価値を決めるなんてナンセンス。

富士山は、標高3776メートル。日本で2番目の高さの北岳よりも600メートル近く高い。日本ではダントツだ。しかしそんな富士山も、世界から見たらとても低い。エベレストは8848メートルあるし、世界の山トップ10はすべて8000メートル超えなのだ。

対して、木星の衛星イオは、半径1万８００キロメートルの小さい星なのに（地球の半径は６４００キロメートル）、標高1万８０００メートルの山を持つ。

火星にあるオリュンポス山は、標高2万７０００メートル。太陽系最大の火山だ。

火星から見れば、富士山とエベレストの標高の違いも、人間のカラダの大小の違いも、誤差だ。

大きいことで威張っても上には上がいるし、小さいことを気にする必要もない。

火星の山から見て小さいと言っても、富士山の魅力は損なわれないだろう。山はそれぞれ違った景色があるし、登ったあとの達成感も違うものだ。

大小はあくまで個性であって、それによって優劣を決める必要などない。

宇宙から見たらすべて誤差。ならば、相対的な大小の基準を自由に変えてしまうのも一手だ。ＮＡＳＡの手法が秀逸だ。

宇宙飛行士が船外活動（ＥＶＡ）時に着用する宇宙服には、尿採集ホースが取り付けられている。このホースには3つのサイズがあり、自己申告制になっている。用意されている**尿採集ホースのサイズは、「S・M・L」でなく「L・XL・XXL」**だ。宇宙飛行士のプライドに配慮したさりげない気遣いだ。

NASA流の見方をすれば、誰もが高身長かつ巨根であり、誰もが巨乳なのだ。

自分のものさしで決めればいい。

火星の火山と比べりゃ カラダの大小なんて誤差さ

NASAのように 基準を変えてしまえばいい

クヨクヨ⑥ 肌のシミ

加齢や日焼けなどで気になりだすのが肌のシミ。気がついたらいつの間にか顔にシミができていて、鏡の前でため息をつくこともあるだろう。

でも、心配はいらない。太陽が勇気をくれる。

太陽には黒点というシミがある。 太陽の表面は、約6000℃。黒点は、磁場の力が強く、約4000℃と温度が低いため、周りよりも暗く見える。

1つ1つの黒点の寿命は、数日から1ヶ月以上のものなどさまざま。消えては現れるを繰り返す。ガリレオが望遠鏡を使って観測を始めた17世紀から、黒点の合計数は記録されている。黒点の数は、年によって大きく変わり、約11年周期で変動している。

黒点の大きさは、地球がすっぽり収まるものから、大きいものだと、地球10個分、木星を超える直径を持つ。

太陽の黒点と比べりゃ、顔のシミなんて誤差だ。小さすぎて見えやしない。

それに、400年以上も地球人からシミの数を数えられている太陽に比べたら、ずっとマシだ。シミは悪いことばかりじゃない。太陽に黒点があるおかげで、地球ではオーロラを見ることができる（「第3章⑥『オーロラ必勝法』で感動体験をする」を参照）。

女優ブレイク・ライヴリーは、こう言う。

「この世で最も美しい衣装は、自信というベール」

クヨクヨ気にするよりも、今の自分に自信を持つことが大事。シミすらも個性だと自信を持てば、オーロラのベールのように魅力的になるのだ。

応用例

「最近、お肌のシミが増えてきて、憂鬱……」

「え？　どこ？」

「ほら、目の横のここ」

「あぁ、これか。これっぽっち、誰も気にしないよ」

「私が気になるのよ。イヤン」

「ほら、あの太陽を見てごらん。太陽にもシミがあるんだよ。黒点っていうんだけどね。地球が何個も入るほど大きいんだよ。黒点と比べりゃ、君のシミは、誤差だ、かわいいよ」

「バカね、太陽を見たら、余計シミが増えるじゃない」

「太陽に黒点があるおかげで、地球ではオーロラが見られるんだよ。シミは、魅力的な個性だよ。愛すべき君の体の一部さ、かわいいよ！」

「あなた……ステキ！　もうシミったれたことは言わないわ！」

お肌のシミが気になる？

太陽の黒点

と比べたら誤差だよ

黒点は**オーロラ**をつくる

シミも人を魅了する個性の１つさ

クヨクヨ⑦ 尿もれ

年を重ねると、尿のキレが悪くなる。筆者も実際にかかえている悩みだ。子どものおねしょに悩まされている親もいることだろう。しかし、**宇宙はもっとおもらししている**。多少、下着やズボンを濡らすくらい、どうってことないのだ。

宇宙には、氷とチリの固まりでできた彗星という天体がある。彗星は、遠い宇宙から太陽に向かって飛んできて、「水・金・地・火・木」の火星と木星の間あたりまで来ると、氷が溶けはじめ、水蒸気などのガスやチリを放出する。放出された物質が太陽光を散乱させて彗星の周囲がぼんやりと明るくなり、そこからチリやイオンの尻尾が伸びる。

さらに太陽に近づくにつれて明るさが増し、ぐるっと太陽を回り込んで再び宇宙のかなたへ飛んでいく。また帰ってくる彗星もあれば、二度と会えない彗星もある。彗星は、ご主人様に会って尻尾を振りながらうれションする犬のように、太陽や地球に近づくとビシャーッとおもらしする星なのだ。

75年周期で現れる**ハレー彗星は、1秒あたり25トンもの水をまき散らした**（前回は1986年だったので、次回は2061年に帰ってくる）。

「1997年の大彗星」として世界中が沸き立った**ヘールボップ彗星は、1秒に300トンもの量をおもらしした**（次に回帰するのは西暦4500年だ）。

これらのおもらし彗星に比べりゃ、子どものおねしょや大人の尿もれは、誤差。かわいい水遊びだ。

怒ったり、がっかりして、余計にストレスを感じることだけは避けよう。どうしても改善しない場合は、病院へ行けばいい。

ちなみに、彗星のおもらしは、地球にも飛び散ってきている。

おもらしと一緒にばらまかれたチリは、宇宙空間を漂い、地球がその領域を通るときに、地球の大気とぶつかり、地上で流れ星として観測されるのだ。

応用例

「なんだかなぁ、最近、締まりがないんだよなぁ」

「んん、どうしたの？」

「このところ残尿感がひどくて。おしっこして、チャック閉めたあとに、ちょろっと出ることがあるんだよ。まだ34歳なのに、こんなに締まらないもんかね」

「気にしないの。ほらスイセイってあるじゃない？」

「水金地火木ドッテンの水星？」

「ううん、しっぽがあるほうの彗星よ」

「映画『君の名は。』で出てきたやつか」

「そうそう、あの彗星って、氷の固まりなんだって。だから、太陽に溶かされて、しっぽができるの。それで、１秒間に何百トンも水を垂れ流してるんだって」

「すごい量だね」

「そうなのよ。すっごい量を宇宙におもらししてるわけ。だから、それと比べたら、あなたの尿もれなんて、誤差よ！　気にしないの！」

「そう励ましてもらえると、気が楽になるな」

「それにね、彗星のおもらしって、地球にも飛び散ってきてるのよ」

「なんか、汚くない？」

「全然。おもらしと一緒にチリがばらまかれて、地球がそこを通るときに、チリと地球の空気がぶつかって、流れ星になるのよ」

「へぇ、そうなんだ」

「だから、流れ星のように、いろいろと、水に流しましょ」

「しかし、なんでそんなに詳しいんだよ」

「第3章にしっかり書いてあるからね」

おもらしなんて
彗星と比べりゃ、誤差さ

宇宙のおもらしが
流れ星をつくるんだぜ

「残尿感あります」

クヨクヨ⑧ いい相手がいない

素敵な恋愛をしたい。一緒に楽しく時を過ごせる友だちをつくりたい。でも、いい相手がいない。そんな悩みもあるだろう。

筆者のまわりにも、あれやこれらと理想を掲げたまま、行動に踏み切れない「悩んでるタール人」がごろごろいる。『未来の年表』(講談社現代新書)では、「2020年に、女性の2人に1人が50歳以上になる」とあり、彼らは頭をかかえていた。

そんな狭い視野ではダメだ。銀河の視野を持てば、簡単に解決する。

まず、**年齢の壁を越えろ。**

自分と近い年齢がいいとか、何歳以下がいいとか、バカげている。年齢の差なんて46億年に比べりゃ、誤差じゃないか。人は年齢じゃない。

年齢の壁に加えて、もう1つ。**国境の壁を越えろ。**

スペースシャトル・エンデバー号で宇宙に行った宇宙飛行士の毛利衛さんは、

「地球には国境はありません」

という言葉を残した。

シリア人として初めて宇宙に行ったムハンマド・ファーリス宇宙飛行士は、

「宇宙から見た地球は、たとえようもなく美しかった。国境の傷跡などは、どこにも見当たらなかった」

と言った。

今やインターネットで世界中とつながれる時代。言語さえ備えれば、出会いは劇的に広がる。

ここに使用人数の多い言語をあげてみよう。

1位　英語　11億3000万人
2位　中国語　11億1000万人
3位　ヒンドゥー語　6億1500万人

日本の人口1億3000万人の比じゃない。

視野を広げれば「いい相手」はいくらでもいるのだ。

恋愛だけでなく、友だちをつくる場合も同様だ。年齢の壁、国境の壁を越えることで、いくらでも同志は見つけられる。

応用例

「ゴサヒコさん、知り合いにイイ人いませんか？　彼女いない歴が長くて」

「そんなの誤差。年齢の壁も誤差、国境の壁も誤差。**地球人みんなが恋人候補**だろ」

「そうは言っても、現実的には、年が近い人がいいんですよね、やっぱり30歳代かな」

「こんな考え方があるぞ。相手を地球人じゃなく、水星人だと思えばいい」

「え？　水星人？」

「そう。水星は、公転周期が早いから、３ヶ月で太陽を回る。つまり、水星で『1年』と言ったら12ヶ月でなく3ヶ月なんだよ。相手を水星人と見なし、相手の年齢を水星で過ごした年齢だと考える。年齢が60歳って言われたら、水星で60年過ごしたと考える。すると、地球では15歳だ。水星年齢80歳は、地球年齢20歳だ」

「ちょっと何言ってるかわからないんですけど……」

「ルネサンス期の言葉にだな、『**恋愛とは、神聖なる狂気である**』ってあるんだよ。狂ってこその恋愛だ」

「とんでもない発想ですね」

「山奥の田舎じゃな、70歳代は『男の子』『女の子』、80歳代からようやく『男性』『女性』なんだよ。さすが、田舎の人たちは、宇宙規模の視野を持っているよな」

「え、でも、さすがに80歳代は……」

「じゃあ、金星人にしておくか。金星だと、225日で太陽を回る。金星年齢60歳は、地球年齢で37歳だ」

「あぁ、もうわけわからないんで、年齢のこと考えるのはやめます！」

「よし、じゃあ、オレのおふくろを紹介してやるよ」

ステキな相手がいない？
相手が何歳だろうが
46億年
に比べりゃ、誤差

年齢の壁も、国境の壁も
宇宙の視点で越えてしまえ

クヨクヨ

⑨ネガティブな性格

何かにつけて悪いことばかり考えてしまう。他人のことを妬ましく思ってしまう。どんなときでも、前向きに考えられるポジティブな人、他人の成功を自分のことのように喜べる人、そうなりたいと思っても、なかなか難しいのが現実だ。

そんなときは、**雨上がりの空にかかる虹を思い浮かべよう**。虹は、いろんなことを教えてくれる。

虹は、太陽と地球の雨が織りなす美しい自然現象だ。

空気中にふわふわ漂う水滴に太陽光が差し込み、光が色分けされることでつくられる。

虹の色は、よく見ると、何百色もある高級な色鉛筆をずらりと並べたようなグラデーションになっている。

日本では、代表的な7色（赤、オレンジ、黄色、緑、青、藍、紫）を抜き出して虹色としているが、**虹の色の数は地域によって異なる。**

7色：日本、韓国、オランダ
6色：アメリカ、イギリス
5色：フランス、ドイツ、中国

アフリカのある部族は8色だといい、南アジアの別の部族は「赤と黒」の2色だという。

万有引力の法則を発見したニュートンは、自然現象と音楽には密接なつながりがあると信じていた。そこで、音階「ド・レ・ミ・ファ・ソ・ラ・シ」の7音に合わせて、虹も7色であると定めた。

正解なんてない。物事をどう解釈するかは、本人の自由なのだ。

太陽光の色分けは、物理学で正確に計算できる。光は水滴に入り込むときに屈折する。曲がり具合は色によって異なる。屈折した光は水滴の内部を進んで内壁で反射する。反射した光は、太陽方向に戻るように水滴のなかを進み、水滴の外に出ていくときに再び屈折する。差し込んだ光に対して、赤は42度、紫は40度曲がって出てくる。つまり、赤い色は高い角度から、紫色は低い角度から目に入ることになるので、虹の上部は赤で、下部は紫となる。

この角度の法則があるので、虹は太陽が低い位置、だいたい高度50度（地平線から握りこぶし5個分）以下のときに見えやすい。虹が見えた時間を思い出すと、たいてい朝か夕方だろう。太陽光が水滴に反射してくるので、虹を探すときは必ず太陽を背にしよう。

大切なのは、**屈折がなければ虹はない**、ということだ。

光がまっすぐなままだったら、虹はできない。光でも曲がるし、曲がりかたが色ごとに異なるから、鮮やかな色彩をつくる。

人間も、少しくらい屈折して歪んだ性格をしているほうが、独自のカラーを放ち、人とは違った魅力につながるものだ。ほかの人にはできない何かの架け橋になれるはずだ。

ニュートンはこんな言葉を残している。

「私たちは、あまりに多くの壁をつくるが、架け橋の数は十分ではない」

考えが下向きでも歪んでいても構わない。でも、壁だけはつくらずに、人とのつながりを大切にしていこう。

「悪いことばかり浮かんで
ポジティブに考えられないんです…」

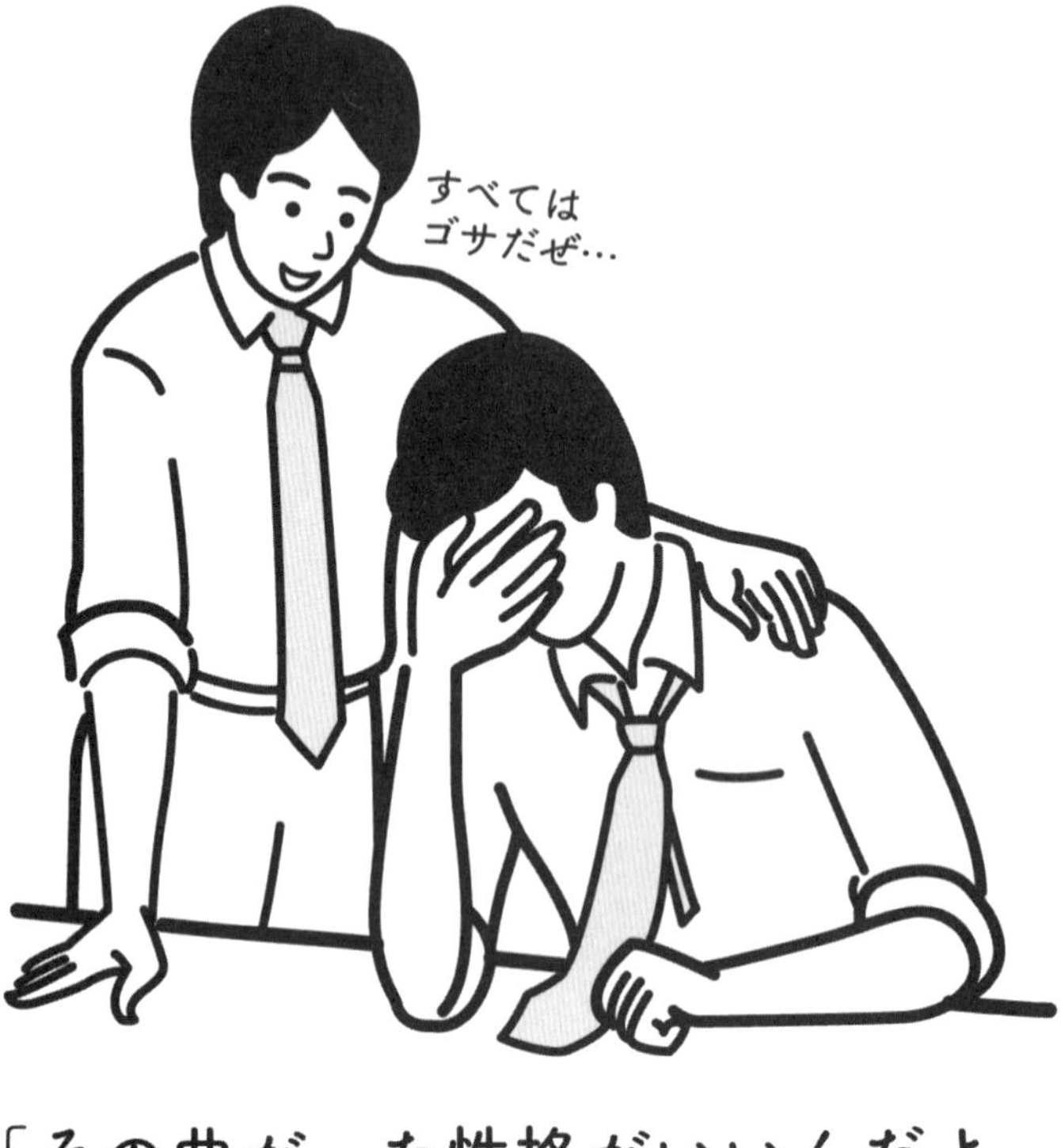

「その曲がった性格がいいんだよ。
屈折してるから
虹ができるんだぜ」

－ 屈折がなければ虹はない －

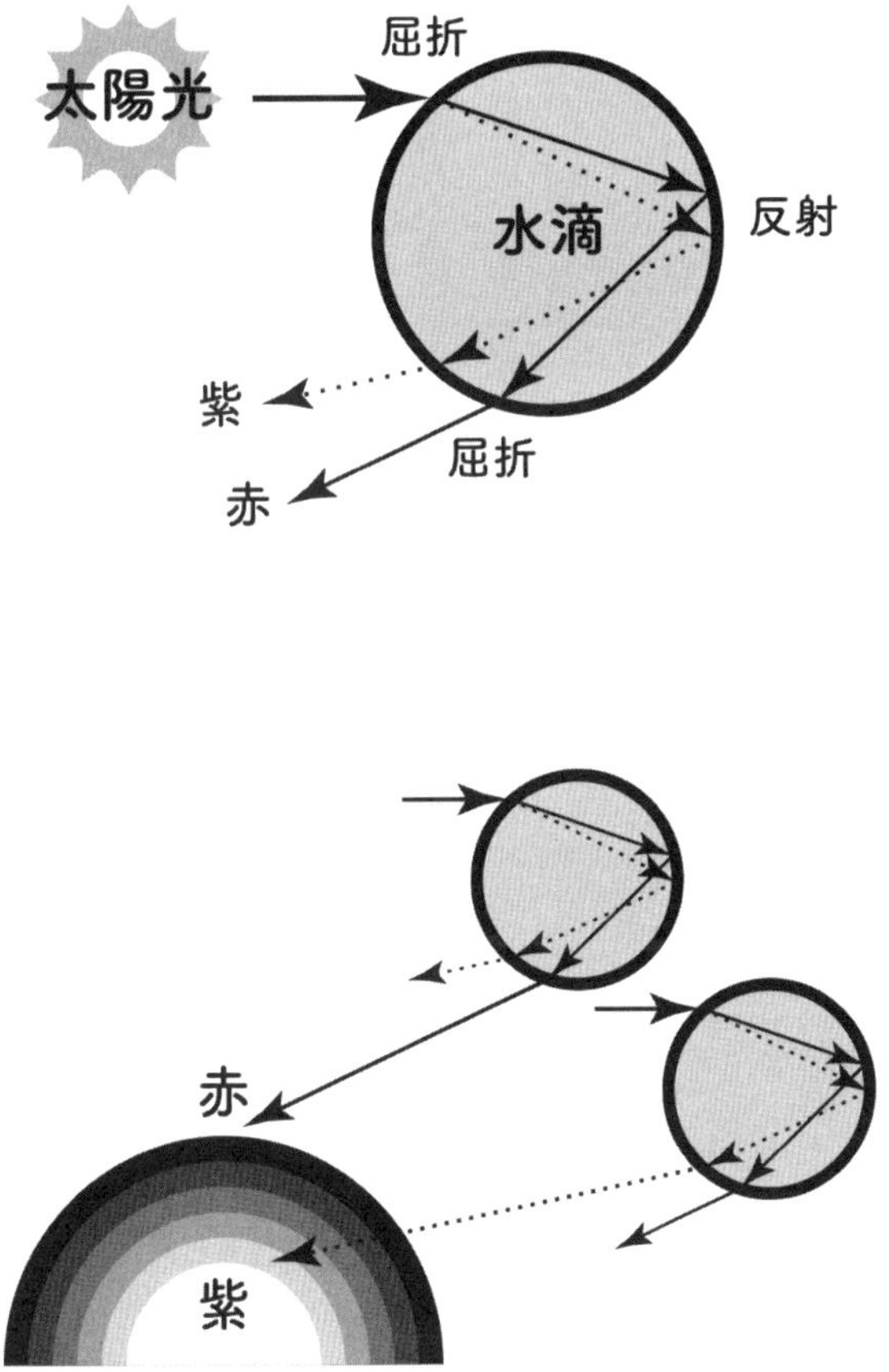

クヨクヨ⑩ ルックスに自信がない

これまで、人の見た目に関するかずかずのクヨクヨを大気圏外まで吹っ飛ばしてきた。

それでもやはり、見た目に劣等感を持ち、人との会話や恋愛に自信が持てない場合もあるだろう。

大丈夫、心配はいらない。

心理学の研究から、**ルックスの悩みは時間が解決する**ことが示されている。

米テキサス大学のルーシー・ハント氏らの2015年の研究では、ルックスの魅力度合いが恋愛や結婚などのカップル成立に与える影響について調査された。

知り合ってから1ヶ月以内にデートをしたカップルは、ルックスの魅力度合いに差がないことがわかった。要するに、美男美女は、時間をかけずに惹かれ合い、すぐに付き合いを始めるのだ。ルックスの魅力度は短期的には力を発揮する。

しかし、知り合ってからデートするまでの期間が長いカップルでは、ルックスの魅力度合いに差が見られた。極端に言えば「美女と野獣」のようなカップルだ。見た目に自信がなければ、焦らずに、時間をかけて自分の魅力を伝えればいいのだ。

具体的に、どの程度の時間をかければいいのだろうか？

同大学のポール・イーストウィック教授とルーシー・ハント氏の２０１４年の研究から、誰もが共通に「〇〇くん、カッコイイよね」「△△ちゃん、マジ天使！」と思う客観的な**ルックスの魅力は3ヶ月ほどで弱まる**ことが明らかになった。異性に対して抱く魅力は、ルックスのような客観的な指標よりも、個人の好み（例えば、自分に対して優しいかどうか、あくまで自分が好きな顔かどうか）の主観的な評価で決まるのだ。

つまり、人は出会ってからだいたい3ヶ月ほど経つと、ルックス以外の要素を重要視する、ということだ。

3ヶ月なんて、そう、46億年に比べりゃ誤差だ。あっという間に過ぎていく。

その間に、じっくりと自分の魅力をアピールしていけばいい。逆に、見た目がいいだけで中身がないと、すぐに見透かされるのだ。

「自分には、誇れる魅力なんてない」「そもそも誰かと会話をするような気力や体力がない」

こんな人はどうしたら、いいのか？

心配無用だ。宇宙には、視野を広げるだけでなく、心と体を強くして、人を魅力的にする力が備わっている。

その詳細は、第2章で。

ルックス３ヶ月の壁は
46億年
に比べりゃ、誤差

宇宙野郎
がモテる

Think
Galaxy 2

強く生きるために星を見ろ

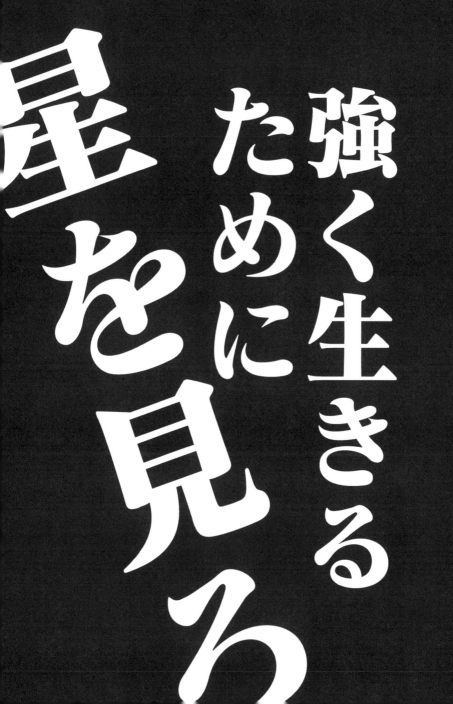

第2章 強く生きるために星を見ろ

1日2分の星空観測でビジネスパーソンに必要な力を身につける

宇宙に視野を広げるだけで、人類の大半の悩みは解決することがわかっていただけただろうか。

「宇宙やるじゃん」と思ったら、次は実際に「星を見る」というアクションをとってほしい。

断言しよう。星空を見る習慣をつけると、強くなれる。

1日2分間、星空を見上げるだけで、ビジネスパーソンに必要な仕事力、健康力、発想力、逆境力、人間力が身につく。

言っておくが、「宇宙のパワーがあなたにチカラを与えてくれるのです！　ただ、この壺を買うだけ。値段は10万円ぽっきり」といった、インチキ宇宙スピリチュアルとは違う。

これらは**すべて、科学（脳科学、心理学、医学）的な研究に基づき、筆者なりに導きだした答え**だ。

宇宙を使いこなして、まったくお金をかけずに理想の自分に近づいて、他人をも魅了する人になってほしい。

①仕事力が身につく――チャレンジ精神がアップする

なんだか疲れがとれず、やる気や意欲も湧かずに、気分が落ちこむ。こんな人は、テストステロンが不足しているのかもしれない。テストステロンとは、筋肉や骨をつくり、体脂肪を燃やすはたらきをする体に必須のホルモンだ。チャレンジ精神や競争心を生み、「やってやるぜ！」というポジティブな気持ちになる。

テストステロンは、年齢とともに減っていくはずだが、帝京大学病院の安田弥子氏らの研究によると、シニア世代の60代よりも、働き盛りの40～50代のほうが少ないそうだ。職場などでのストレスが、原因ではないかと考えられている。

筋トレをすることでテストステロンが分泌されることがよく知られているが、気分が落ち込んでいるときに筋トレをするのは、なかなかしんどいだろう。

そんなときは、ただ「星を見る」。それだけでいい。

夜空を見上げるということは、曲がった背筋を伸ばし、胸を張るということだ。

ハーバード大学社会心理学者エイミー・カディ教授らの研究から、猫背でいるよりも胸を張ったほうがテストステロンが増加する、ということが明らかになっている。

２分間胸を張ると、テストステロンが20％も上がる。

さらに、コルチゾールを40％も下げることができる。コルチゾールとは、ストレスから身を守ってくれるホルモン。朝に多く分泌され、夜に減っていくリズムがある。

しかし、ストレスが過剰にかかり、減っていなければならない夜にコルチゾールがたくさん分泌された状態だと、肥満、糖尿病、感染症、がんになりやすいと言われている。

星空を見上げれば、自然と胸を張るためテストステロンが増加し、コルチゾールを下げる。ホルモンのバランスがよくなり、やる気が湧いてくるだろう。

また、夜空の星でなくても、日中に太陽の光を浴びることでもテストステロンを増やすことができる。古い研究ではあるが、1939年の論文では、5日間の胸への日光浴で、テストステロンが120％も上昇している。ちなみに、素っ裸になって股間を日光浴させると、テストステロンは200％も上昇したというから驚きだ。

夜空を見る2分間は、チャレンジ精神をさらに鼓舞してくれるスティーブ・ジョブズの言葉を浮かべるのがオススメだ。

「We're here to put a dent in the universe.（オレたちは、宇宙に一撃かますためにここにいるんだ）」

仕事力アップ！
やる気ギンギン星人

星を見ると、脳内ホルモンが出て
チャレンジ精神がみなぎってくる

②健康力が身につく——疲れにくい体になる

先述の慢性的な疲れや気分の落ち込みは、テストステロン不足以外にも要因がある。これらに加えて、頭痛やめまいも感じていたら、それは首に問題があるのかもしれない。

脳神経外科医であり、東京脳神経センター理事長でもある松井孝嘉医学博士によると、首の筋肉がこると、副交感神経のはたらきが悪くなり、自律神経性のうつ、頭痛、めまい、ドライアイ、更年期障害、血圧不安定症、睡眠障害、原因不明の慢性疲労など、さまざまな症状を引き起こすという。

松井博士は、首の筋肉を治療することで、副交感神経のはたらきを正常にし、これらの疾患を治してきた実績を持つ。その著書『自律神経が整う 上を向くだけ健康法』（朝日新聞出版）によれば、首の筋肉をゆるめることを習慣にすることで、心と体の不調を取りのぞき、疲れにくい体をつくれるという。

具体的には、両手を後頭部と首の付け根あたりに添えて、頭を支えながら、ゆっくり上を向いて首をほぐしていく。マッサージや整体では、首の筋肉にダメージを与えてしまう場合もあるので、ゆっくりやさしく動かすことを推奨している。理想は15分に1回、30秒間。しかし仕事や家事をしていると、そこまで気をまわすのは、難しいかもしれない。

そんなときは、せめて、外が暗くなったら星を見る、ということから始めよう。**星空を見上げる行為は、首の筋肉をほぐし、副交感神経を機能させる。**大事なことは、これを習慣にし、毎日見るようにすることだ。夜ぐっすり眠れ、朝すっきり目覚めるようになるはずだ。ただし、夜風で首を冷やさないように注意しよう。

ただ、できるなら日中にも頻繁に体を動かすことも取り入れておきたい。このとき、首だけでなく、重力を意識した動きが重要になる。

ＮＡＳＡで長年、無重力が人体に与える研究をしてきたジョーン・ヴァーニカス氏の著書によると、**仕事中に座りっぱなしでいることは、無重力空間の宇宙飛行士と同じような骨と筋肉の衰えを起こす**という。宇宙飛行士は、地球帰還後に訓練することで体力を回復させるが、座りっぱなしが習慣になっていると、体の衰えは止まらない。骨盤底筋の衰えによる尿失禁、ＥＤ、それどころか死亡リスクまで高まる。尿もれは誤差、と述べたが、筋力の衰えが原因だとすると、生活習慣を改善しなければならない。

ヴァーニカス氏は、少なくとも1日に32回、座っている状態から立ち上がることを推奨している。就労時間が8時間なら、**15分に1回は重力に逆らう動きをするべき**、ということだ。激しい運動は必要ではない。立ち上がるだけなら、簡単だろう。

「星を見る」というロマンチックな行動をきっかけに、心と体を調《ととの》える意識を強めていこう。

健康力アップ！
体キレキレ星人

星を見ると、首のこりがほぐれて
疲れにくい体になる

③ 発想力が身につく――偶然のひらめきを生む

最近、スマホを触る時間が増え、「漢字が書けない」「人の名前が出てこない」「昨日食べたものが思い出せない」など、もの忘れが多くなっていないだろうか？

現代は情報過多時代。ＰＣやスマホで簡単に情報にアクセスすることができるので、絶えず情報に晒されて、貴重な時間と集中力を失っている。

高齢者だけではなく、働き盛りの30〜50代にも記憶力の低下を感じる人が増えている。子どもも同様だ。スマホ使用時間が増えるにつれて、成績が悪くなっているという調査結果や、大脳の発達に悪影響を及ぼすという恐ろしい研究結果も出ている。

脳には１０００〜２０００億個の細胞があると言われている。銀河には２０００億個の星があるから、**脳は銀河**だ。銀河の星と星が重力を及ぼし合っているように、脳内の細胞同士も電気信号でさまざまなやりとりをしている。

脳みそは、大雑把に言うと、3つのはたらきをしている。

・情報をインプット
・整理
・アウトプット

書物を読むのとは違い、スマホを使うと、文字に加えて写真や動画、音、光など多くの情報に晒されることになる。眠る直前までスマホをいじっていると、インプットした情報を整理しきれないまま1日が終わってしまう。情報が整理されないと、価値あるアウトプットもできなくなる。

そこで、だ。1日2分でいい。スマホから離れ、ぼーっと夜空を見上げてみよう。すると、**夜空を眺めてぼんやりしている間に、脳内で情報の整理が行われ、新しいひらめきが生まれやすくなる**のだ。

近年の脳科学の研究から、ぼーっとしているときのほうが、脳がはたらくことが明らかになっている。デフォルト・モード・ネットワークと呼ばれ、何かに集中しているよりも、ぼんやりしているほうが20倍近くも脳は活発に動いているのだ。

忘れていたことや斬新なアイディアが、何気なく散歩しているときや、シャワーを浴びているときに、ふと浮かんだという経験があるだろう。

夜にぼーっとするのがいい理由は、もう1つ。

夕方から夜にかけて、アセチルコリンという脳内物質が分泌される。アセチルコリンは、脳内にちらばった記憶と記憶を、適当にエイヤッとつなげてくれるので、常識や論理を超越した奇想天外な発想が生まれやすくなるのだ。

アセチルコリンは、副交感神経の神経伝達物質であるので、前述したように、首をほぐしながら星を見ることでより分泌されやすくなる。上手に組み合わせよう。

夜空をぼーっと見上げながら脳内の銀河をキレキレにして、まだこの世の中にない斬新なモノをつくり出そう。

発想力アップ！
脳キレキレ星人

ぼーっと星を見ると
脳内が整理されてひらめきまくる

④逆境力が身につく――困難を乗り越える

何か困ったことが起こったとき、「神様、一生のお願いです！　助けてください」と（一生に何度も）お願いしたことがある人は多いだろう。実は、この「天に祈る」という行為は、逆境を乗り越えるために有効であるということが科学的に明らかになっている。

人生では、不幸にも、自然災害や人為的な事故・事件などの悲劇に遭い、苦しむことがある。そんななか、なんとか心の傷を乗り越え、前に進むことができた人もいる。

逆境を乗り越える力を「レジリエンス」という。レジリエンス研究によると、**逆境を乗り越えることができた人の共通点として、「天への祈り」や「宇宙のなかの自分を意識すること」が見られた**という。

こうした宇宙や自然に対する畏怖《いふ》の念は、科学の世界でスピリチュアリティ（Spirituality）と呼ばれている。多くの日本人がイメージするスピリチュアルとは意味が異なる、医療現場でも取り入れられている概念だ。

精神科医サウスウィックとチャーニーの共著によると、障がいを持った子が生まれ友人と疎遠になってしまった夫婦、6年もの拷問を受けた元ベトナム人捕虜、誘拐されて性的被害にあったあげく橋から12メートル下の川に落とされた女性など、苦難の経験者がスピリチュアリティによって前向きに生きられるようになった、という。もともと無宗教や信心のない人であっても効果を発揮したそうだ。

つらい現実だけを見るのではなく、視野を広げ、自分よりも偉大な存在である宇宙を意識し、つながりを深める。宇宙のなかに自分の居場所を見つける。宇宙に対する畏怖の念を持ち続けることで、自分自身の内面を見つめ直し、どんな困難であっても自分の力で対処できると思えるようになるそうだ。

『アンネの日記』を記したユダヤ系ドイツ人少女アンネ・フランクの言葉を引用しよう。

「恐れや孤独、不幸を感じている人にとっての一番の癒しは、表に出て、静かな場所を見つけ、自然と一体になることなんです」

夜空の星を見ながら、広大な宇宙と一体になり、自分に何ができるのか、見つめ直してみよう。いざというとき、あなたを救う力になってくれる。

逆境力アップ！
心バキバキ星人

「宇宙のなかの自分」を意識すると
折れない心（レジリエンス）が備わる

⑤人間力が身につく――人望を集める

夜空を見上げることが習慣になると、次第にいろんな疑問が湧いてくるだろう。「あの星って何なんだろう」「宇宙ってどこまで広いんだ？」このような知的好奇心を逃《のが》してはいけない。

天才アインシュタインは、自身についてこう述べている。

「私は賢いわけでも特別な才能があるわけでもない。私は、ただ、ものすごく好奇心が強いだけなのです」

好奇心の火を絶やさぬうちに、さまざまな書物を手に取り、知識と視野を広げていこう。そうすると……勝手にモテるようになるのだ。

モテるためにルックスが重要でないことは、第1章で述べた。では、どんな要素が大事なのか？　若い男女を対象に、長く付き合う相手に求める条件を調査した研究によると、以下の3つが最重要項目であることが明らかになった。

・相手への思いやり
・知性
・ユーモアのセンス

これらは宇宙から身につくものばかりではないか！

宇宙の広い視野でどんな相手をも受け入れられるし、宇宙に関する膨大な知識（星座、流れ星、月の満ち欠け、惑星、ギリシャ神話、アポロ計画などなど）は、知性を感じさせる。これらのストーリーはユーモアにも富んでいる。宇宙を知ることは、モテる3条件のすべてを満たすことにつながるのだ。

宇宙は、告白やデートとも相性がいい。

広島大学の研究によると、告白の成功率が高いのは0～5時。なんと、成功率75％。成功率が低いのは、12～17時で44％。日中だと、半分も成功しない。星が見えて宇宙を感じる夜がいいのだ。

また、結婚生活を科学的に分析した調査によると、少し不安を感じるような刺激的な体験をすると、離婚率を下げることにつながる、という。薄暗い自然のなかで行う星空観測は、ほどよい不安と刺激に満ちている。

やはり、宇宙はモテるのだ。

「モテる」というのは、なにも恋愛だけにおいて重要というわけではない。同僚や仲間を楽しませる、夫婦としてお互いを楽しませる、親として子を、子として親を楽しませる。この人といると、きっと楽しいことをしてくれそうと思われる。「モテる」とは「期待され、頼りにされ、それに応えられる」ということだ。この点に関しても問題ない。宇宙には、老若男女問わず楽しませるチカラがあるからだ。

星空を見上げて、誰からもモテる人に、人望を集める人になろうじゃないか。第3章ではそのための具体的な知識や演出をびっちりと書いた。ぜひ参考にしてほしい。

人間力アップ！
モテモテ星人

星を見ると、視野が広がり
知性もあふれでて、モテちゃう

Think Galaxy

3

宇宙を
武器に
喜ばせろ

第3章 宇宙を武器に喜ばせろ

人も自分も楽しませる「宇宙のあそびかた」

あなたにとって、大切な人は誰だろうか？
友だち、恋人、夫、妻、親、子……「自分」でもいい。
あなたは、最近、その人を心から楽しませただろうか？

本章では、宇宙に趣向をこらして、人を楽しませる方法を伝授していく。人を楽しませることは、人生の喜びだ。
究極のビッグである宇宙は、底なしにロマンチックでもある。利用せずに見過ごしてしまうなんて、もったいない。

「必殺技、伝授します」
撮影：2013年3月 博士号取得時

①できる大人は「天体望遠鏡」を嗜《たしな》む

宇宙をあそぶために欠かせない道具、天体望遠鏡。人間の目ではとらえることのできない、はるか遠くからの微弱な光を集めることのできる精密機械。天体望遠鏡ひとつで、銀河を股にかけた、星から星の宇宙旅行へ繰り出すことができる。

これまでたくさんの星空観測会を開催してきたが、子どもよりも大人のほうが大きな歓声をあげることが多い。「知識として知っていること」と「自分の目で見て体験すること」はまったく別もの。**大人こそ、天体望遠鏡を手にして、宇宙への感受性を磨くべき**なのだ。

子どものイタズラから始まった天体望遠鏡

天体望遠鏡が誕生したのは、今から約４００年前の１６０９年。発明したのは、天才ガリレオ・ガリレイ。

発明のきっかけとなったのは、オランダで眼鏡職人が製作した倍率約3倍の望遠鏡。**眼鏡屋の店先で子どもたちがレンズを重ねて遊んでいたときに、物が拡大されて見えることに気づいた**と言われている。

望遠鏡の噂を耳にしたガリレオは、みずからの頭で原理を見つけ出し、試行錯誤を繰り返して、倍率約20倍の望遠鏡をつくりあげた。このときガリレオは45歳。

当時は、冒険者たちが金銀財宝を求めて海を渡った大航海時代。望遠鏡は、襲撃する船の偵察や着岸するための陸地探しに使われていた。しかし、**ガリレオが望遠鏡を向けたのは、金銀財宝でなく、夜空の煌めく星々**だった。

天体望遠鏡は、子どもとガリレオの好奇心によってもたらされたものなのだ。

天体望遠鏡は、人間の宇宙観を変えた。

当時は、神が宇宙をつくり、宇宙の中心に地球がいて、ほかの星はすべて地球を中心にまわる「天動説」が信じられていた。しかし、天体望遠鏡でガリレオが見た宇宙は、従来の常識とはまったく異なるものであった。

・月は表面がデコボコしている（神がつくった完ぺきな球体ではない）
・木星の周りには4つの星があり、それらが木星の周りを回る（地球がすべての中心ではない）
・金星が月のように満ち欠けをする（金星は地球ではなく太陽の周りを回る）

これらの発見から、ガリレオは、地球中心の天動説は間違っていて、地球が太陽を回る地動説が正しいと唱えた。

ただガリレオ自身は、神の存在を否定したわけではなく、自然で実際に起きていることと聖書が伝えることは、どちらも正しいと考えていた。しかしカトリック教会は、ガリレオは聖書と矛盾する主張をした異端者と見なして、宗教裁判にかけ、有罪判決を下した。このときガリレオは69歳。裁判中にガリレオがつぶやいたとされる「それでも地球は動いている」は、あまりにも有名だ。

ガリレオは、「感覚が役に立たないとき、理性が役に立ち始める」「疑うことは発明の父である」との思いで、科学を武器にして巨大な勢力と闘い続けた。

このガリレオの姿勢は、日常生活やビジネスシーンでも役に立つはずだ。世の中を正しく知ろうと思えば、思い込みを捨てて、データを冷静に見ようとしなければならない。新しいものをつくりだそうと思えば、身を危険にさらしてまでも、常識を疑うことをしなければならない。

天体望遠鏡は、果てしない宇宙を身近にしてくれるだけでなく、理性的に物事を見つめる洞察力を鍛え、既存の常識と闘う勇気をも与えてくれるのだ。

オススメ天体望遠鏡

低コストで最大限に楽しむなら、オススメは手づくりの天体望遠鏡。市販の手づくりキットを使えば、誰でも簡単につくることができる。

■DIY天体望遠鏡

筆者がよく使うのは、オルビイス株式会社から販売されている、**天体望遠鏡工作キット・コルキット「スピカ」。2760円（税抜）の安さで、倍率35倍、土星の環も見える性能**を持つ。

アルミホイルの芯のような紙筒を組み合わせて、レンズを装着するだけの簡単な工作なので、子どもでもすぐにつくれてしまう。真っ白の本体表面には、絵を描いたり、マスキングテープで装飾できたりもするので、宇宙で1つだけのマイ望遠鏡になる。

自作望遠鏡は、子ども向けだと侮ってはいけない。望遠鏡の仕組みを一から理解できるし、自分で手を動かしてつくった望遠鏡で本当に星が見えたときは、世代を超えて、感動と喜びをもたらしてくれる。

星空観測会で天体望遠鏡づくりを実施したこともあるが、**体験モノは強い**。本当にオススメだ。親子やカップル、地域コミュニティの集まりなどで、ぜひ実践してみてほしい。

■コスパ最強の本格天体望遠鏡

本格的な天体望遠鏡のなかでコストパフォーマンスが最強なのは、株式会社ビクセンの**「ポルタII A80Mf」**だ。筆者も長年観測会で愛用している。

メーカー小売希望価格は**5万5000円（税抜）**だが、家電量販店やネットで４万円程度で手に入る。

初心者向けのモデルではあるが、倍率６倍のファインダーは星をとらえやすく、８センチメートルの対物レンズは**最大倍率160倍で、土星の環の濃淡までも見える**。付属の三脚は、安定感があって丈夫なつくりだ。

天体望遠鏡には、星を自動追尾する機能のついた高価なものもあるが、天体写真を撮る人以外は必要ない。むしろ自動追尾がないほうが、だんだんと星の位置がずれていくのに気づく。これは地球が自転しているためだ。**今まさに地球が休むことなくせっせと自転していることが体感できる。**

■天体望遠鏡の注意点

天体望遠鏡を使うときに、注意してほしいことが2点ある。

1点目。どのようなタイプの望遠鏡であっても、**絶対に直接太陽をのぞきこんではいけない。**肉眼でも、太陽を直視するのはやめておこう。網膜の細胞が傷つけられ、日光網膜症（日食網膜症）を発症する恐れがある。最悪の場合、失明に至ることもある。太陽を観測する場合は、太陽投影版という道具を取り付ける必要がある。

＜天体望遠鏡と変態望遠鏡＞

２点目。**夜、望遠鏡をのぞいて見るのは宇宙だけ**だ。約束してほしい。

高層マンションやオフィス、住宅をのぞきこんではいけないのだ。のぞきは犯罪。迷惑防止条例違反、軽犯罪法違反、住居侵入罪などに抵触する。

そうなると、天体望遠鏡でなく、変態望遠鏡になってしまう。

天体望遠鏡でねらうべき星

天体望遠鏡を手にしたら、左記の天体は、いつでも導入できるようにしておくべきだ。

■月

うさぎ模様をつくるクレーターが、くっきりと見える。いつ何度見ても飽きることがなく美しい。見たままの姿をスマートフォンのカメラでとらえることもできる。詳しくは、「③『スマホ月見』で親子の絆を深める」にて。

■土星

肉眼では見えない環が見える。夜空のどこに土星があるのか、常に把握しておこう。ちなみに、土星は太陽系の惑星のなかで最も密度が小さいので、水に浮く。また、土星の環は氷でできているので、食べることができる。そんなトリビアを披露すると、輪をかけて盛り上がるだろう。

■木星

表面の模様や、周囲にある４つのガリレオ衛星(イオ、エウロパ、ガニメデ、カリスト)を楽しもう。衛星の名前の驚きの由来は、「②『惑星ランデヴー』で恋愛を成就させる」にて。

■金星

ダイヤモンドのように空に美しく輝き、「明けの明星」や「宵の明星」、「一番星」などさまざまな名前で親しまれているが、天体望遠鏡でのぞくと、日を追うごとに大きさを変えながら満ち欠けすることは、意外と知られていない。金星は愛を象徴する星。満ちたら欠けるものなのだ。

■天の川銀河

かつては天の川のもやもやの正体はわかっておらず、ガリレオが初めて無数の星の集まりであることを発見した。2000億個の星があると言われているが、その片鱗《へんりん》を体感してみよう。

■アンドロメダ銀河

天の川銀河のお隣の銀河で、地球から250万光年離れている。銀河の中心は4等星程度の明るさなので、肉眼でも見つけることができる。夜空では満月5個分の大きさを持っているので、もしとてつもなく明るければ、左図のように見える。双眼鏡や天体望遠鏡を使うと、ぼんやりとした銀河の広がりを見ることができる。

■アルビレオ

肉眼では1粒の星に見えるが、天体望遠鏡で見ると2つの星が並んでいる星をダブルスター（二重星《にじゅうせい》）と呼ぶ。理想の夫婦のようでロマンチックな星だ。ダブルスターのなかでもオススメは、夏の天の川を渡る「はくちょう座」の頭にあたるアルビレオ。アルビレオは、宮沢賢治『銀河鉄道の夜』の「九、ジョバンニの切符」に登場する。

<夜空に広がるアンドロメダ銀河>

アンドロメダ銀河は満月５個分の大きさを持つ

<宝石のようなアルビレオ>

「もうここらは白鳥区のおしまいです。ごらんなさい。あれが名高いアルビレオの観測所です。」

窓の外の、まるで花火でいっぱいのような、あまの川のまん中に、黒い大きな建物が四棟《むね》ばかり立って、その一つの平屋根の上に、眼《め》もさめるような、青宝玉《サファイア》と黄玉《トパーズ》の大きな二つのすきとおった球が、輪になってしずかにくるくるとまわっていました。

望遠鏡でのぞくと、大きめにオレンジ色に輝く星と、小ぶりな青白い星が並んでいる。宮沢賢治は、それを宝石になぞらえている。

宇宙を楽しむうえでは、**ガリレオのような理性的な感覚だけでなく、宮沢賢治のような文学的な感性も備えておくこと**が重要だ。

天体望遠鏡はできる大人のたしなみ

銀河を股にかけた
宇宙旅行へ出かけよう

②「惑星ランデヴー」で恋愛を成就させる

夜空に浮かぶ惑星は、ときにぶつかりそうになるほど大接近することがある。これを「惑星ランデヴー」と言う。「ランデヴー」とは、フランス語で「待ち合わせ」を意味する。

惑星ランデヴーの時期になると、**日を追うごとに2つの惑星が近づき、一夜限りの大接近**をして、翌日から次第に遠ざかっていく。

こんなロマンチックな天体イベントを利用しない手はないのだ。

＜ロマンチックな惑星ランデヴー＞

知る

惑星とは

夜空で目にする星のほとんどは、太陽のようにみずから光を発する星で、恒星と呼ばれる。恒星は、夜空のなかで足並みをそろえて規則正しく移動している。これは恒星が、はるか遠くにあって地球の規則正しい自転と公転によって見える位置が決まるからだ。このおかげで、星と星を結んで星座を形づくることができる。

一方、火星・水星・木星・金星・土星などの惑星たちは、みずから光を発することはなく、太陽の光を反射して輝いて見える。**それぞれがマイペースで太陽の周りをクルクル回る**ため、地球から見える位置も大きく変化する。夜空のなかで、星座の星たちとは異なる動きをし、フラフラと道に惑う人のように見える。太古の人々は、こういった星を**「惑う星」という意味で「惑星」**と名付けた。

惑星のギリシャ神話

惑星を楽しむのに欠かせないのが、ギリシャ神話だ。

惑星の英語名は、ローマ神話の神々が由来になっており、これらの神々は、元をたどると３０００年以上も前から語り継がれてきたギリシャ神話に行き着く。

ギリシャ神話に登場する火・水・木・金・土星の神々は、１５５ページに示したように、実にクセが強い。**神々の個性がそれぞれの惑星の輝きかたや動きかたとリンクしている**ところに、古代ギリシャ人の知的センスを感じる。

古代ギリシャ人の想像力は果てしなく、惑星たちがさまざまなドラマを織りなす。

特に、愛憎劇は必読だ。

金星ヴィーナスには、鍛冶の神へパイストスという夫がいた。しかし夫に満足していなかったヴィーナスは、マッチョイケメンの火星アレスを愛人にしていた。

「ふふ、いつ見てもステキな筋肉。でも、あちこち傷だらけね」

「昨日も激しい殴り合いだったからな。今日、旦那は？」

「あんなヤツ、何も言わずにどこかへ出かけて行ったわ。遅くまで帰ってこないわよ」

「そうか。じゃあ、心置きなく癒しの時間を過ごすとするか……あれ、体が動かないぞ」

「わたしもよ！　何が起きたの!?」


金星ヴィーナスと火星アレスとの密会は、太陽の神ヘリオスにバレていた。太陽から密告を受けていたヘパイストスは、ベッドのまわりに透明な鎖を張り巡らせ、２人が寝転がった瞬間に縛り上げるシカケを仕込んでいたのだ。鍛冶の神のなせる業だ。

ヘパイストスは、神々を集めて２人に公開謝罪をさせ、復讐を果たした。

しかし、金星ヴィーナスは懲りずに密会を続け、やがて火星アレスとの子どもを産んだ。そのうちの１人が、恋の神キューピッドである。

＜クセの強いギリシャ神話の神々＞

火星の神 アレス（マーズ）

戦争の血を連想させる真っ赤な火星は、マッチョでイケメンな戦の神。だが、人間に負けるほど弱い

水星の神 ヘルメス（マーキュリー）

公転周期が短く夜空での動きが速い水星は、足の速い伝令の神。嘘と泥棒で成り上がった

木星の神 ゼウス（ジュピター）

夜空に煌々と輝き、数ヶ月ほど存在感を示す木星は、神々の王様。武器は雷。浮気ばかりで妻に雷を落とされる

金星の神 アプロディーテ（ヴィーナス）

明け方と夕方にダイヤモンドのように美しく輝く金星は、愛と美の女神。しかし、心は美しくなく嫉妬深い

土星の神 クロノス（サターン）

公転周期が長く夜空での動きが遅い土星は、老人の姿をした農耕の神。息子ゼウスと10年も親子喧嘩した

恋の神キューピッドは、くりくりとした目をして、背中に羽をはやし、手に弓と「黄金の矢」を持っている。「黄金の矢」で射抜かれた人は、その後、初めて目にした人に恋をする。

全身にビビビッと電流が走るように恋に落ちたことはあるだろうか？　そういった**一目惚れは、キューピッドに黄金の矢で心臓を射抜かれた瞬間**なのだ。

キューピッドの父親は、全知全能の神である木星ゼウスである、という説もある。木星ゼウスは、ヘラという妻がいるにもかかわらず、浮気癖がひどく、惚れると必ず手を出す。木星を天体望遠鏡でのぞくと、イオ、エウロパ、ガニメデ、カリストという4つの衛星を見ることができるが、それらはすべて、木星ゼウスの愛人の名前だ。木星ゼウスは、金星ヴィーナスとも浮気をし、そこから恋の神キューピッドが誕生したというのだ。

いずれにしても、恋の神キューピッドは、惑星同士の恋愛から生まれた特別な子どもだ。天才物理学者アインシュタインは『**物が落ちるのは重力のせいだが、人が恋に**

落ちるのは重力では説明できない』と言ったが、古代ギリシャ・ローマの人々は**「人が恋に落ちるのは、惑星ランデヴーから生まれるキューピッドのせいだ」**と考えていたのだ。

ギリシャ神話を知ると、夜空の惑星の動きがよりセクシーに感じられる。ゲスい部分はあるものの、自然を見つめる観察力と想像力は見習うべき点が多い。

惑星ランデヴーは、告白、プロポーズに使う

古代ギリシャ人がラブストーリーを描かずにはいられなかったロマンチックな惑星ランデヴー。「両想いになりたいのに、なかなか振り向いてもらえない」「プロポーズで最高の演出をしたい」、そんな人は、惑星ランデヴーを利用すればいい。

例えばこうだ。まずランデヴーの前に一度デートをする。

「あっちの星が君で、こっちの星は僕。もし僕らが結ばれる運命なら、星は互いに惹かれ合って近づくはず。そうでなければ、星は離れていくよ」

「わたしたちの未来は、星が教えてくれるのね」

「そうさ。1ヶ月後の同じ時間、同じこの場所で、また会おう」

ランデヴー1週間前では、惑星が近すぎるので、1~2ヶ月前がいいだろう（151ページの図を参照）。そしてランデヴー当日。

「ほら、あそこの星が見えるかい？」

「あら、あんなにも近づいているわ!?」

「こういう運命だったんだね。ギリシャ神話によれば、2つの星の間には恋のキューピッドがいて、僕ら2人が離れ離れにならないように結び付けてしまっているんだ」

「まぁ、なんてこと！（間違いない……この人が運命の人に違いないわ……！）」

＜惑星ランデヴーのスケジュール＞

2019年	11月24日	金星 × 木星	夕方	南西
	↓			
	12月11日	金星 × 土星	夕方	南西
2020年	3月20日	火星 × 木星	明け方	南東
	↓			
	4月1日	火星 × 土星	明け方	南東
	↓			
	5月18日	木星 × 土星	明け方	南
	5月22日	金星 × 水星	夕方	北西
	12月22日	木星 × 土星	夕方	南西
2021年	7月13日	金星 × 火星	夕方	西
2022年	3月16日	金星 × 火星	明け方	南東
	↓			
	3月29日	金星 × 土星	明け方	南東
	↓			
	4月5日	火星 × 土星	明け方	南東
	↓			
	5月1日	金星 × 木星	明け方	東
	↓			
	5月29日	火星 × 木星	明け方	南東
2023年	1月23日	金星 × 土星	夕方	南西
	↓			
	3月2日	金星 × 木星	夕方	西
	↓			
	7月1日	金星 × 火星	夕方	西
2024年	4月11日	火星 × 土星	明け方	東
	8月14日	火星 × 木星	明け方	東

こんなふうに、**惑星ランデヴーで極上のロマンチックを演出して、相手の心を釘付けにする**といい。ギリシャ神話のエピソードも上手に添えれば、ロマンチックが止まらなくなる。

前ページに、惑星ランデヴーの予定をリストにまとめておいた。国立天文台のデータを使って、観測しやすいものをピックアップしてある。

ランデヴーは、年間に限られた数しか起きないが、場合によっては連続して起こることもある。２０２２年は２ヶ月半の間になんと5回もランデヴーが起こるロマンチックイヤーだ。

本文で紹介した、金星と火星、金星と木星以外の組み合わせにも、いろいろな物語がある。また、月や星座と惑星のランデヴー物語もある。興味が湧いたら、ギリシャ神話について詳しく調べてみてほしい。物語に合わせて計画を立てると素敵だ。

惑星がランデブーするとき
恋の神キューピッドが生まれる

告白、プロポーズ…
恋の勝負はこの日にキメちゃえ！

③「スマホ月見」で親子の絆を深める

月は、太古から人類にとって馴染み深く特別な存在だ。満月の下で獲物を追いかけ、釣りや農作物づくりにも月の満ち欠けを利用してきた。潮の満ち引き、お月見、「1ヶ月」という単位、体のバイオリズムなど、人間生活に深く関係している。

現代は街明かりの影響もあり、月の存在感は昔ほど強くない。しかし月は、僕らに特別な感情を思い起こしてくれるものなのだ。

月はどうやって生まれた？

そもそも、月はどうやってできたのか？　地球にとって何なのか？　地球と月の関係は、科学者の間でも長らく論争されている問題だ。

次の３つが有力な候補として考えられてきた。

・**双子説**：地球が誕生した46億年前に、同じ場所で月も誕生した
・**夫婦説**：地球と月は別々の場所で生まれ、宇宙をさまよっている間に出会い、引力で引かれ合った
・**親子説**：月は地球から生まれた

双子説から検証してみよう。

月は岩石からできている。一方で、地球は地表から２９００キロメートルは岩石で

覆われているが、その内側にはドロドロに溶けた金属があり、中心部にはカチカチの金属の塊がある。同じ場所、同じときに生まれた双子なら、もう少し似ていないとおかしい。双子ではない。

夫婦説と親子説のどちらが正しいかは、1969年のアポロ11号による月面着陸で明らかになった。アポロ計画で地球に持ち帰った月の石を調べてみると、地球の岩石の成分とそっくりだったのだ。別々の場所で生まれたにしては似すぎていた。

ということで、親子説が正解。**月は地球の子ども**だったのだ。

地球から月が誕生するシナリオは、宇宙科学の世界で「ジャイアント・インパクト」と呼ばれている。地球の半分くらいの大きさの星が地球に衝突。地球の一部がはぎとられて、バラバラに散らばる。やがて地球の周りで集まってできたのが月なのだ。

しかし、まだいくつかの謎は残っていて、今も科学者たちは研究に励んでいる。

科学が明かした親子の絆

月は地球の子ども。そういう目で見ると、月のいろいろな特徴は、人間の子どものように思えてくる。

月誕生前の地球は、今とは違って慌ただしい世界だった。1日は24時間ではなく6時間。今の4倍の速さで自転をしていた。月の引力による潮の満ち引きは、海底と摩擦を起こし、次第に地球の自転を遅くしていったのだ。まるで母親が子どもと手をつなぎ、**子どものペースに合わせてゆっくりと歩いている**ようだ。

かつての地球は、自転軸が大きく傾いていたため、季節の変動が激しかった。月が生まれ、引力で引っ張ることで、地球の自転が徐々になだらかになった。もし月がなかったら、生命は今のように繁栄していなかったかもしれない。**子どもの存在が親を**

生き生きとさせたのだ。

地球に対して月がずっと同じ面を向けているのは、子どもがずっと親の顔を見続けているようで微笑ましい。反対に、**親にも決して見せない裏の一面がある**とも言える。月は岩石でできているが、その中心部は１３００℃もの高温になっている。月の引力と同様に、地球の引力も月に影響を与えているためだ。**子どもの心に火をつけるのは親の役割と言えよう。**

アポロ計画において月の表面に設置された反射鏡で、地球と月の間の距離を測定すると、月は平均で年間5センチメートルずつ地球から離れていっている。**かわいい子どもも、いつかは独り立ちをする。しかし、遠く離れていても見えない力でずっとつながっている。**

科学は味気ない真実だけでなく、感情を揺さぶることを教えてくれる場合もあるのだ。夜空に輝く月を見ながら、親子の縁に思いを馳せてみよう。

月待ち

せっかくお月見をするなら、知的な趣も取り入れておくべきだ。
あなたは「夜」という漢字の成り立ちを知っているだろうか？

暗い空に月が浮かび、それを愛でる姿を現したのが「夜」なのだ。
日本では江戸時代に、**月が地平から出てくる「月の出」を愛でる行事が流行した。**
これを「月待ち」という。
「月の出」は、日の出と違って、1日ごとに見た目や名前までもが変化する。

満月の夜は、十五夜と呼ばれる。旧暦では新月が1日。15日目の夜にだいたい満月になる(1~2日遅れることもある)。満月は、太陽の光を真正面から受けているので、太陽が西に沈むと同時に東の空から昇ってくる。満月の出の時刻は、ほぼ日没の時刻となる。

月は毎日約50分遅れて昇る。地球が24時間でぐるりと1回転(自転)したときには、月はすでに同じ位置にはおらず、地球の自転方向に少しだけ先回り(公転)している。地球がプラス50分ほど自転するとようやく月に追いついて、地平線から月が出てくるという仕組みだ。

月が公転することで、満ち欠けと月の出の遅刻が起きる。このおかげで、趣深い「月待ち」ができるのだ。

十五夜の翌日の月は、**「十六夜」**と書いて「いざよい」と読む。「いざよう」とは、「ためらう」という意味だ。十六夜は、満月よりも少し欠けて、満月より約50分遅れて昇

＜月待ち＞

満月

十六夜《いざよい》　恥じらいながら出てくる月

立待月《たちまちづき》　立ちながら待つ月

居待月《いまちづき》　座りながら待つ月

寝待月《ねまちづき》　寝ながら待つ月

＊日時は満月の出を15日18時としたときの目安

る。このさまをかつての日本人は、月が不完全な自身の姿を恥じらい、ためらいながら出てきている、と考えたのだ。

十六夜の翌日の月は、さらに欠け、さらに約50分遅れて登場する。この日は、月が昇るのを立って待ってみようじゃないか、ということで**「立待月《たちまちづき》」**という。

その次の日は、さらに約50分遅れるので、もう立ったまま待っていられない。居座って待つので**「居待月《いまちづき》」**。

その翌日は、もう座ってもいられない……ちょいと寝っ転がって待とうということで**「寝待月《ねまちづき》」**となる。

月を待つ数百年前の人々の姿が想像できて面白い。月待ちは、時空を超えた遊びなのだ。

スマホで月を撮る

親子の絆を感じ、趣を取り入れた月見をしたら、その思い出をカタチに残そう。月をスマホで撮るのだ。**ぼんやりとした月明かりでなく、うさぎ模様のクレーターがばっちり見える月**だ。

スマホで月を撮る秘密は、天体望遠鏡。天体望遠鏡でクローズアップして見ている月を、カメラでパシャッと撮る。それだけだ。**まるでプロの写真家が撮ったようにきれいに撮れる。**

月を撮る手順はこうだ。

まず、天体望遠鏡で月をつかまえる。普通に目で見てきれいに映るようにピントを合わせておけばいい。そして、スマホをカメラモードにして、接眼レンズに近づけていく。ポイントは、月を逃さないように、レンズとカメラを平行に保ち続けることだ。1人できるようになるにはある程度の経験がいるので、誰かと共同作業するのがいいだろう。

カメラを接眼レンズに平行を保ったまま近づけると、明るい光が見えてくる。この光をしっかりととらえ、カメラをさらに近づける。うまくいかなければ、カメラを遠ざけて、もう一度ゆっくり近づけていこう。

月がうまくとらえられたら、明るさの調整。とくに満月のときは、明るすぎてクレーターが写らなくなってしまう。スマホの機種によって操作は異なるが、明るい部分を

スマホで月を撮る方法

①
スマホをカメラモードにして望遠鏡の接眼レンズ（のぞき穴）にあてる

②
カメラを徐々に近づけて月をとらえる

＊カメラとのぞき穴がぴったり平行でないと月は映らない

③
明るさを抑えてピントを合わせる

＊月の明るい部分をタッチ
or
＊輝度を下げる設定をする

④
手が震えないうちにカシャッ！

タップするか、輝度を落とすなどして、月の光を抑える。うまくいけば、クレーターがはっきりと見える月が画面上に映るだろう。そこで、パシャッと撮る！

このとき、カメラの平行がぶれてしまわないように要注意だ。

慣れてしまえば、「あ、今夜は月がきれいだな」と思ってから、天体望遠鏡を組み立て、月をつかまえて、スマホでパシャリ、片付け、まで3分でできる。

この月撮影は、親子に限らず、老若男女だれにでも好評だ。天体望遠鏡で月を見た感動だけでなく、その感動をカタチに残す。あとは壁紙に設定したり、ＳＮＳで発信したり。宇宙好きとして一目を置かれるだろう。辛いときに観測会で撮った月の写真を何度も見て心が癒されたという手紙をもらったこともある。

やり方がよくわからない人は、筆者のいる芸北ぞうさんカフェに来てくれたら、直接、撮影法を伝授しよう。

ぜひスマホ月撮影を、人を喜ばせるための自分の武器にしてほしい。

月は地球の子ども

お月見で親子の絆を深めて
想い出はスマホでパシャリ！

④「スターナビゲーション」でいのちを守る

今の時代、スマホがあれば自分がどこにいるのか簡単に知ることができる。磁気センサーで東西南北の方位を把握し、ＧＰＳのデータから現在地を高精細な地図上に示してくれる。

しかし、圏外の山中で遭難したら？　電波塔が被災したら？　充電が切れたら？など、スマホが役に立たないときのことも想定しておこう。

そんなときは、スターナビゲーションというテクニックを身につけておくと安心だ。いつどこで何が起きても、星を頼りに方向を見定め、安全な場所へ導く。**スターナビゲーションは、ロマンチックでありサバイバルでもある技術**だ。

スターナビゲーション能力を備える生物

地球上には、スターナビゲーション能力を備えた生き物が多く存在する。渡り鳥、蛾、フンコロガシなど。まずは、そんな先輩たちの方法を学んでみよう。

■渡り鳥

鳥は空を舞いながら、何百キロメートルも移動する。ときには季節に合わせて、南半球から北半球まで1万キロメートル以上も大移動することがある。どうしてそんなことができるのか？

たとえば、満天の星のような模様をしている**ホシムクドリ（星椋鳥）は、太陽を基準にして方向を決めている。**このような昼の渡り鳥は、太陽や地形を目印に飛翔する。

一方、夜の渡り鳥は、星座を頼りにしたトリッキーな飛行をする。鳥かごに入れたルリノジコにプラネタリウムの星座を見せた実験から、**ルリノジコは北極星が見える**

北の方向に飛んでいこうとすることが明らかになった。この種の鳥は、幼いころに夜空を観察して星の配置を覚えるようだ。北極星を中心とした星座や、各星座の相対関係も一緒に記憶する。

ちなみに、実験中のプラネタリウムで流れ星を流すと、ルリノジコはかなり困惑したらしい。流星群の日には、迷子の渡り鳥と出くわすかもしれない。

■蛾

蛾は嫌われモノ。明かりの下にワラワラと集まる姿には、虫唾《むしず》が走る人も多いだろう。実は、蛾は夜に移動するとき、月を頼りにしている。暗い夜道では、**蛾は常に月に対して一定の角度を保つようにして飛んでいる**のだ。

夜空に浮かぶ月は遠くにあるので、自分が移動しても位置は変わらない。しかし街灯がある街中では、明かりを月だと勘違いしてしまう。街灯は自分が少し移動するだけで位置が変わってしまう。明かりの方向を一定に保とうとすると、少しずつ街灯に近づいていくことになる。そのため、吸い寄せられるようにして街灯に蛾が集結してしまうのだ。

■フンコロガシ

動物のフンを転がすフンコロガシ。フンを転がすのは自分だけのお気に入りの場所まで持ち帰って、ご馳走をじっくりと堪能するためだ。しかし、まん丸の物体を何の道しるべもなく転がしていると、クルクル回って同じ場所に戻ってきてしまう恐れがある。

そこで、フンコロガシは、星を頼りにしてフンを転がす。朝型のフンコロガシは、太陽を目印に方向を定める。夜ふかしをする場合は、月も利用する。

一方、夜型のフンコロガシにとっては、月明かりだけでは心細い。満月であれば明るくて目立つが、数日でも欠けるだけで明るさがグンと弱くなる。

なんと、夜型**フンコロガシは、天の川の星明かりを道しるべにしてフンを運ぶ**のだ。2013年に発表された論文によると、プラネタリウムを使った実験において、天の川が見えるなかでは、フンコロガシは迷わずまっすぐにフンを転がしていった。フンコロガシに帽子をかぶせて星を見えなくすると（研究者は好奇心のためなら何でもする）、道に迷ったそうだ。

サバイバル術　1　昼のスターナビゲーション

地球上の生き物がここまで星を見ているのなら、人間も負けてはいられない。実践できるスターナビゲーションを伝授しよう。

いざというときに、大切な人を守り抜く技術だ。人気韓流ドラマ『冬のソナタ』でも、雪山で遭難したときにスターナビゲーションが駆使されていた。

平時には、キャンプやナイトウォーキング、宝探しなど、エンターテインメントに取り入れることも可能だ。冬ソナを模したロマンチックな演出に使うのもいいだろう。

あなたは、日中の太陽の位置から、瞬時に方角を知ることはできるだろうか?

1日眺めていれば、太陽は東から昇り、正午に真南の空に達し、西の空に沈むので、だいたいの方角はわかるだろう。しかし緊急時には、瞬時に把握しなければならない。

＜太陽の位置から方角を知る方法＞

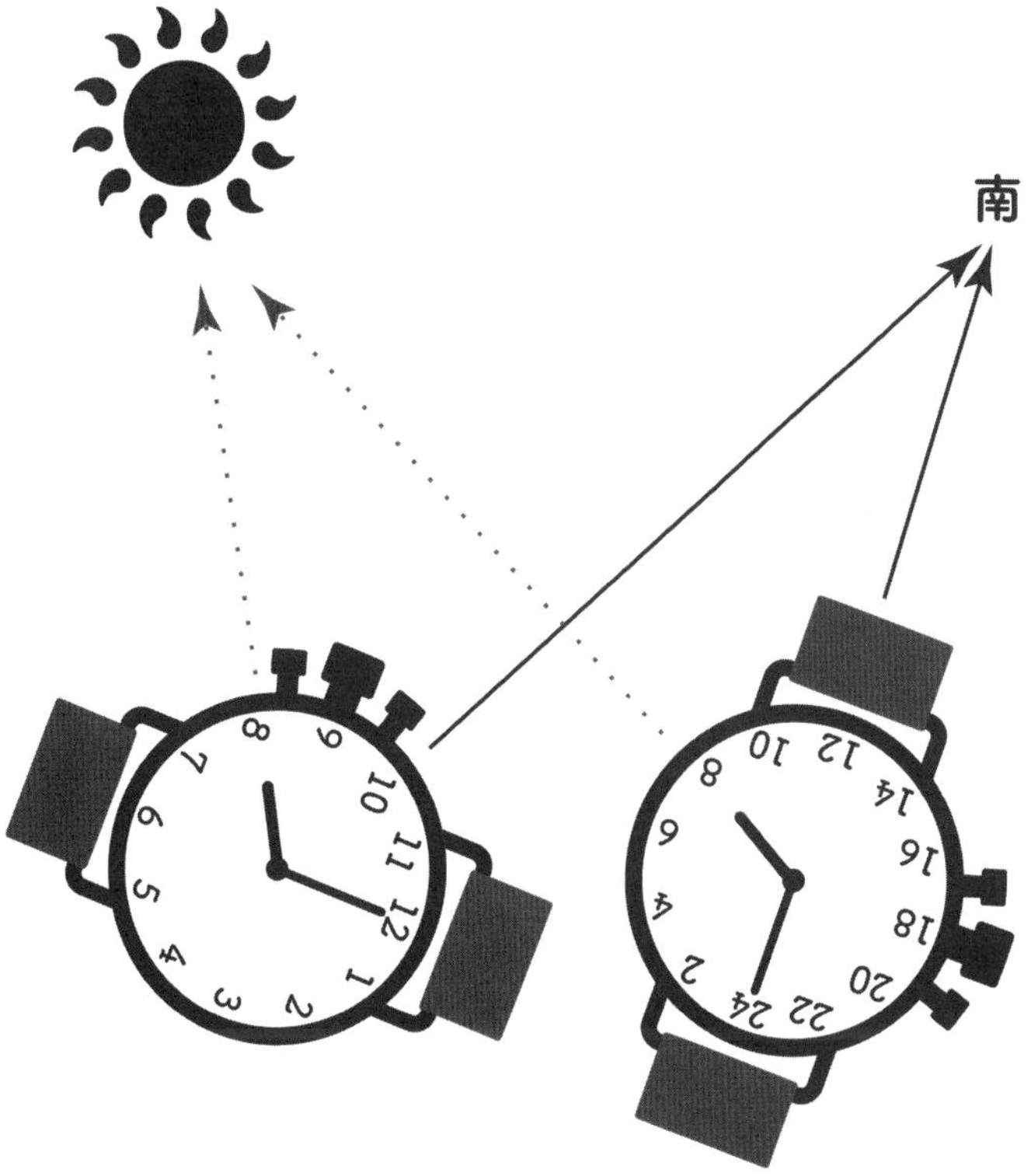

＜12時間表示の時計＞
① 短針を太陽に向ける
② 短針と12の間が真南

＜24時間表示の時計＞
① 短針を太陽に向ける
② 12の方向が真南

方角は、太陽とアナログの腕時計があればすぐにわかる。

■24時間表示のアナログ時計を持っている場合

24時間で1周回る短針は、太陽と同じスピードで動いていることになる。短針を今見えている太陽の方向に向ければ、表示板の12時の方向が真南だ。

■12時間表示のアナログ時計を持っている場合

通常の12時間表示の時計では、短針は、1日に2周するので、太陽の2倍のスピードで動いている。だから短針を太陽の方向に向けたとき、12時と短針の間の方角が真南になる。

あとは簡単。真南を向いて両手を広げる。右手が西、左手が東だ。

いざというときには、アナログが力を発揮するのだ。

サバイバル術2　夜のスターナビゲーション

夜、目印になるのは、北極星（ポラリス）だ。時間や季節が変わると星の位置も変わるが、**北極星だけは動かない。北極星が見つかればそっちが真北**だ。

ポラリスの明るさは2等星なので、直接、ピンポイントで見つけるのは簡単ではない。そこで、ポラリスの周辺にある2つの星座、おおぐま座（北斗七星）とカシオペア座を使って、ポラリスの位置を導き出すのだ。

■カシオペア座から北極星を見つける場合

「W」の両側の線を下に延長して「V」の字をつくる。Vの頂点にある星と、Wの真ん中の星を結び、上方向に、間の長さの5倍分をプラスする。そこに輝く星が北極星だ。

■北斗七星から北極星を見つける場合

ひしゃくの頭にあたる部分の、最初の2つの星に注目する。星と星の間の長さを見積もり、先頭の星から5個分プラスする。そこに輝く星が北極星だ。

覚えるのが難しければ、『北斗の拳』の主人公であるケンシロウのように北斗七星を肉体に刻んでおけばいい。上腕二頭筋をアピールしたときの右ひじの付け根あたりが北極星の位置だ。

ちなみに**『北斗の拳』に登場する「その星が見えると死が近い」ことを示す「死兆星」は実在する。**「アルコル」という名前で、北斗七星のひしゃくの柄にあたるほうから数えて2番目の星にくっつくように見える。

日本では、『北斗の拳』とは逆に、通常の人には見えていて、アルコルが見えなくなると死ぬと言われていた。

どちらも理由は共通している。要は、アルコルは若くて目がいいと見える星なのだ。

かつて、アラビアの兵士の視力検査に使われていて、アルコルが見えるということ

＜北極星（ポラリス）の探しかた＞

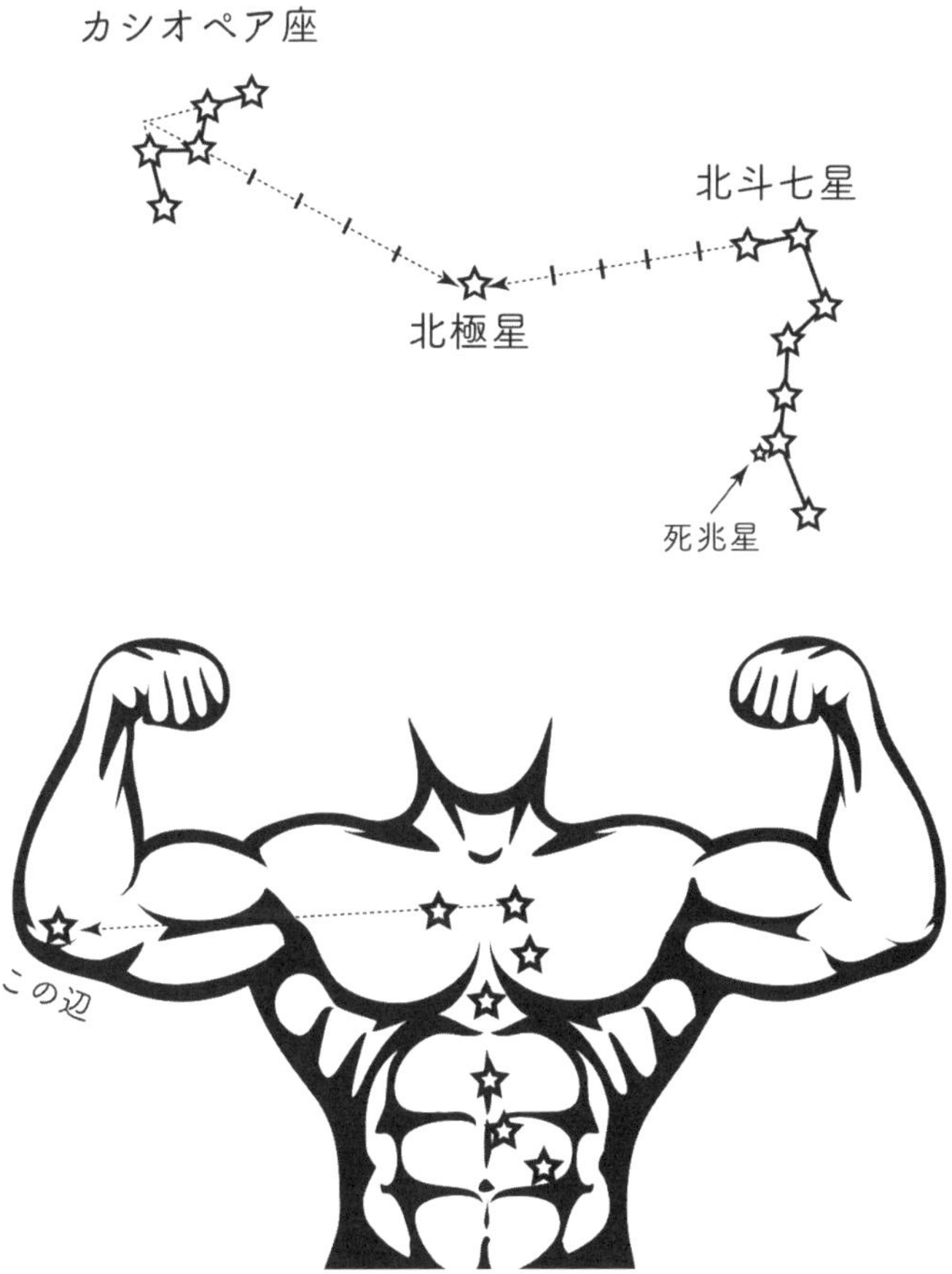

は目がいい証拠。兵士として徴集され、命を落とすことが多かった。

一方、日本では、若いときに見えていた星が見えなくなる。老化が進んで、死が近くなっている、というわけだ。

アルコルは、ポラリスよりも暗い4等星。ポラリスを探すときに、アルコルが見えるかどうかも確かめて、自分の目のコンディションも把握しておこう。

星は生き物の道しるべ

何が起きても星を頼りに
大切な人を守り抜け！

⑤「流れ星必勝法」で願いを叶える

夜空を切り裂く一筋の閃光、流れ星。

星が流れている間に願いごとを3回唱えると、その願いは叶う。そんなロマンを胸に秘め、いつどこに流れるかわからない流れ星を待ちわびる。運よく出会えても、思わず願いを唱えるのを忘れて心奪われてしまう。流れ星はあっという間に儚《はかな》く消えていく。

「次こそは願いを！」と流れ星を待ち続けるうちに、夜がふけて次第に体が冷えてくる。結局、願いを唱えることができないまま、最後には星ではなく鼻水が流れてしまう……。

そんな経験はないだろうか？

願いを叶えてくれる流れ星は、まだ一度も見たことない人にとっては憧れの存在だろう。何回も見たことがある人にとっても、いちごショートケーキのように、いつだって胸をときめかせてくれるロマンだ。

流れ星には、確実に願いを届ける必勝法がある。それを伝授しよう。

知る

流れ星とは何か？

そもそも、流れ星とは、何だろうか？

流れ星をつくるのは、宇宙を漂うチリ。ほとんどは、数ミリから数センチ程度の大きさだ。地球は太陽の周りを公転しているので、宇宙を漂うチリは地球の大気に猛スピードでぶつかる。チリは数千度まで加熱され、蒸発し、プラスイオンとマイナスイオンにバラバラになったプラズマになる。このプラズマが光を放ち、僕らに流れ星として観測される。摩擦熱で燃えた炎が見えているのとは違う。

第1章にも登場したように、彗星が太陽を回る通り道では、多くのチリがまき散らされている。同じ場所を地球が通るとき、短時間に数多くの流れ星が観測される流星群となる。宇宙からの地球に降りそそぐチリは、平均して1日約100トンにものぼる。

流れ星には、ひときわ明るく輝き、ときに爆発をともなう「火球」と呼ばれるものがある。1つレベルが高い上級の知識だ。

2013年に、世界中を震撼させる出来事があった。ロシア・チェリャビンスク州の火球落下事件。巨大な火の玉が鮮烈な光を放ち、空中爆発し、衝撃によって窓ガラスが割れ、1500人近い怪我人が出る事態となった。約17メートルの小惑星が落ちてきたと推定されている。燃え尽きなかった流れ星は隕石となり、凍った湖に大きな穴をあけた。

大きすぎる流れ星は、地球に穴をあけうるアナどれない存在。センチメンタルな気持ちを生むのは、センチメートルのチリのつくる流れ星。こんなふうに覚えておこう。

＜流れ星とは＞

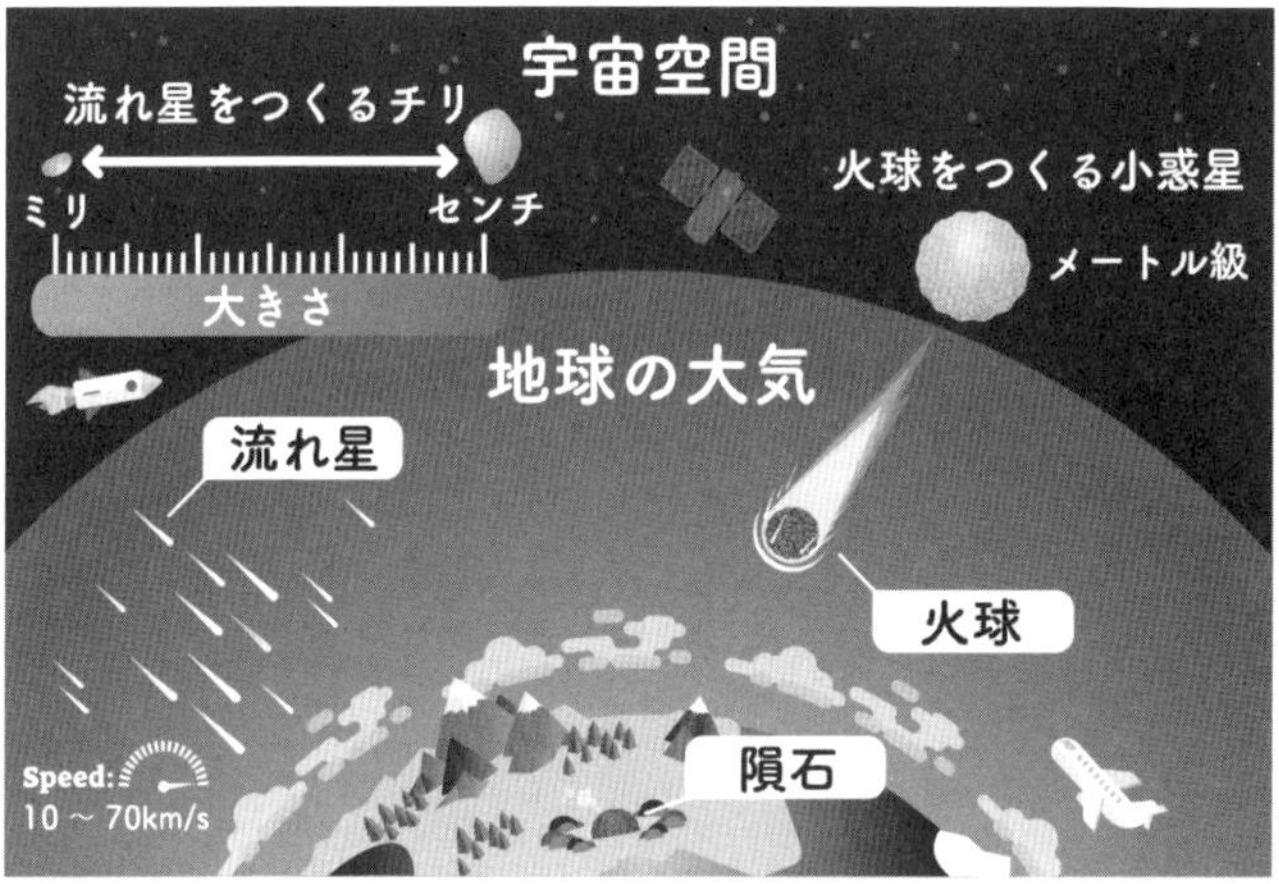

流れ星は、一般的に、遅いとオレンジ色、速いと青白い色になる。大気や流れ星の成分によっても色は変わる

なぜ願いが叶うのか？

なぜ流れ星に願いごとを3回唱えると、その願いは叶うのだろうか？

「流れ星が願いを叶えてくれる」というロマンチックなおまじないは、欧米で語り継がれてきたこんな物語が元になっている。


天には神様が住んでいる。

神様はときどき地上の人々のことが気になって、部屋の窓をあけて地球をのぞき見する。チラッと見たかと思うと、すぐにサッと窓を閉めてしまう。

この窓をあけているときに、天の部屋から差し込んでくる光が、地上では流れ星として見えている。

だから、流れ星が見えている間に願いごとをすると、神様の耳に届き、願いを叶えてくれる。

素敵な物語だ。流れ星を見るときはぜひこの話を聞かせてあげてほしい。

流れ星の正体は、地球をのぞき見する神様だったのだ。星が流れている間は、神様の部屋の窓があいていて、地球と通じている。この瞬間に願いを唱えることができれば、神様の耳に届く。しかし唱えきれなければ、願いごとの途中で窓は閉められ、神様には届かない。

流れ星必勝法

流れ星の神話を改めて読んでみよう。神様の耳に願いが届けばいいのだ。ならば、願いごとは3回も唱える必要はない。早口でもごもごしながら3回唱えるよりも、はっきりと1回唱えるほうが、神様も聴き取りやすいはずだ。

だから、流れ星への願いは、3回でなく1回でいいのだ。

実際に、流れ星の動画を見ながら練習してみると、1回だけなら難なく唱えることができる（もちろん長すぎるフレーズではダメだ）。

もうこれで、3回も唱えなくてはいけないプレッシャーから解放されただろう。流れ星がいつ流れてもいいように、願いごとをしっかり準備しておこう。

ではいつ夜空を見上げたら、流れ星に出会えるのだろうか。

街明かりのない田舎なら、夜に寝そべっているだけで星が流れる。しかし都会ではそうはいかない。流れ星が乱発する流星群をねらうのがいいだろう。流星群は、毎年、決まった日にやってくる。流れる星の数もおおよそ見当がついている。

オススメ第1位は、8月のペルセウス座流星群。

夏休み中のお盆時期にやってくるので、時間が取りやすく、夜も過ごしやすいのでありがたい。田舎で観測すると、1時間に100個ペースで流れる。

特大ホームランのような火球も多く見られる。都会でも、1時間に数個〜10個程度は見えるが、せっかくなら、少しでも街明かりのない場所へ行くべきだ。

＜主な流星群の年間スケジュール＞

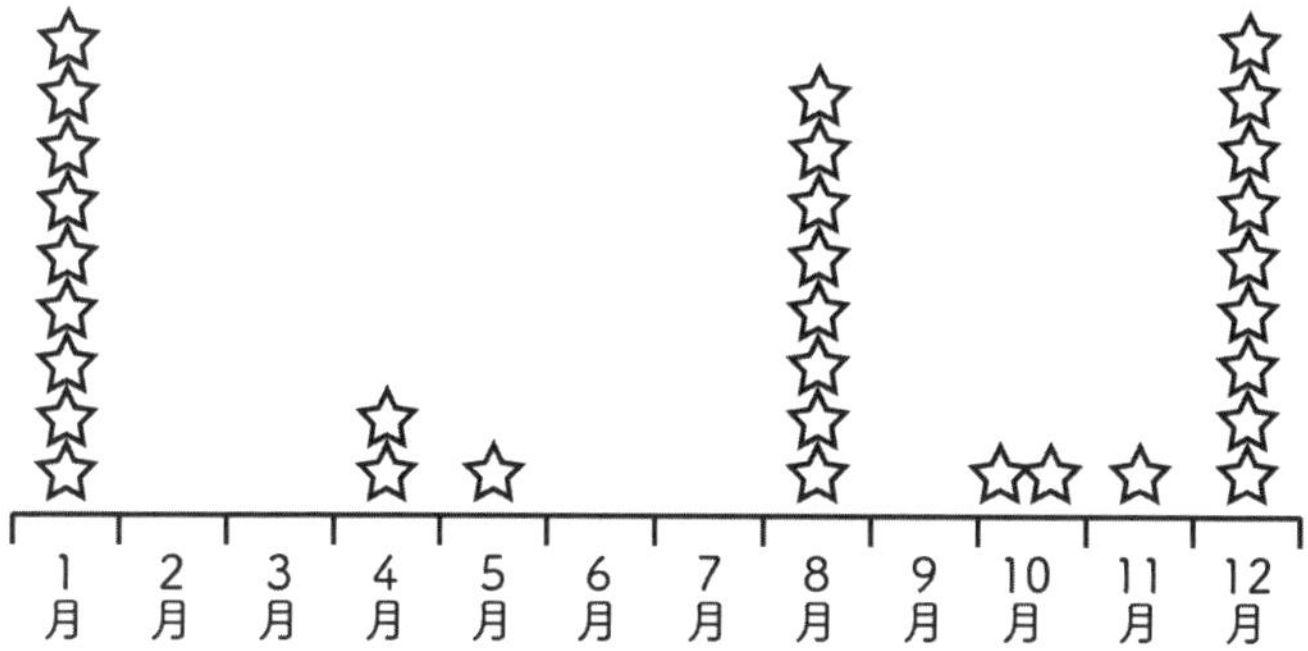

1月：しぶんぎ座流星群　極大日：1月4日ごろ
流星数：1時間に45個、最大120個

4月：4月こと座流星群　極大日：4月22日ごろ
流星数：1時間に10個、最大18個

5月：みずがめ座η《エータ》流星群　極大日：5月6日ごろ
流星数：1時間に5個、最大40個

8月：ペルセウス座流星群　極大日：8月13日ごろ
流星数：1時間に40個、最大100個

10月：10月りゅう座流星群　極大日：10月8日ごろ
流星数：1時間に5個、最大20個

10月：オリオン座流星群　極大日：10月21日ごろ
流星数：1時間に5個、最大15個

11月：しし座流星群　極大日：11月18日ごろ
流星数：1時間に5個、最大15個

12月：ふたご座流星群　極大日：12月14日ごろ
流星数：1時間に45個、最大120個

＊流星数は極大時に満天の星が見える場所で観測したときの数

第2位と第3位は、1月のしぶんぎ座流星群と、12月のふたご座流星群。

どちらも流星数は多いが、かなり冷える時季なので、注意が必要だ。しぶんぎ座流星群は、新年早々に見えるので、縁起が良くて願いに熱がこもる。

これら三大流星群と別に、**番外編でオススメは、4月のこと座流星群**だ。

流星数はそこまで多くはないが、時季がいい。筆者の住む広島県山県郡北広島町の芸北地域（集落地は標高650メートル）では、ちょうどこの流星群のときに、しだれ桜が満開になる。ライトアップされた桜を横目に見つつ、夜空に星が流れる。どちらも儚い流れ星と桜。趣がほとばしっている。芸北地域に限らず、標高が高い中山間地域では、流れ星と桜を同時に楽しめる場所が見つかるだろう。

流星群の流れ星を見るとき、星座がどこにあるかは気にしなくていい。夜空のどこにでも落ちる。空が広く見える場所で寝そべり、特定の星を見るのではなく、**なるべく視野を広く、ぼんやりと眺めるのがコツ**だ。

流れ星は神様ののぞき見

神様の耳に届けばいいので
願いごとは3回でなく1回でOK

⑥「オーロラ必勝法」で感動体験をする

人類が体験できる最も神秘的な宇宙の現象は「オーロラ」だ。

暗い夜空に、音もなくうっすらと緑がかった光が現れる。チークダンスのようにゆったりと体をくねらせていたかと思うと、突然、赤やピンクの光も現れ、フラメンコのように情熱的に舞う。やがて音のないまま、そっと消えていく。

オーロラは、人生が変わるほどの感動をもたらしてくれる。

実際に、オーロラを前にすると、あまりのスケールに畏怖の念を抱かざるを得ない。人を圧倒する凄みがあり、人間の小ささを感じさせられる。それと同時に、身のまわりに起きる困難は、宇宙に比べりゃ誤差だなと、骨身に染みて感じられるのだ。

オーロラとは何か？

オーロラをつくる大もとのエネルギーは、太陽にある。

太陽からは、プラズマの風「太陽風」が吹いている。地球には磁石の力（磁場）があり、太陽風が直接地球の大気にぶつかることを防ぐバリアになっている。

しかし太陽風が吹き続けると、プラズマのプレッシャーが高まってくる。あるときスイッチがオンになると、S極とN極の磁場に沿って、宇宙から猛スピードの電子が飛び込んでくる。電子は地球の大気を叩き、ひっぱたかれた大気が光を放つ。これがオーロラだ。

空気が叩かれている場所は、上空１００キロあたりから、数百キロの高さのこともある。このあたりは、空気がめちゃめちゃ薄い、地球と宇宙の間の領域である。この領域をウロウロしている酸素の原子が電子に叩かれると、赤や緑の光を放つ。窒素分子イオンは青い光、窒素分子はピンク色の光を出すのだ。

オーロラの彩りは、このように空気の成分の違いによってつくられている。

オーロラが光るために必要なのは、磁場と大気ということだ。なので、木星や土星でも地球と同じようなオーロラが発生する。天王星や海王星では、磁石の軸が傾いているので、地球とは異なる場所でオーロラが光る。どこの銀河の星であっても、惑星に磁場と大気があれば、オーロラは見られるのだ。

知る オーロラの神話

オーロラの語源は、知性の光の女神オーロラ。もともとは、夜の星を追い払い、あけぼのを告げるローマ神話の神様だ。ガリレオが神秘的な光の現象にこの女神の名前を付けたと言われている。

しかしガリレオが名付ける以前から、オーロラには、北欧やカナダ、北米、ロシアなど、多くの地域にそれぞれ個性的な神話が残されている。それらは、オーロラを龍や蛇、神の怒りなどと見なして、不吉なことの前兆としてとらえている傾向が強い。

そんななかで、筆者のお気に入りは、エストニアの言い伝えだ。


天には神様が住んでいる。

そこでは、ごくまれに結婚祝賀会が開催され、地上からゲストが招かれる。天空へ誘うのは、神様の馬とソリ。天馬は、ゲストを乗せ、ゆったりと天空へ駆けていく。このとき、天馬は淡い光を放つ。

この光が、地上でオーロラとして見えている。


オーロラが見えるということは、天空の結婚祝賀会に招待されているということなのだ。新婚カップルや夫婦でオーロラ旅行に行くときには、ぜひこの神話を思い出してほしい。

オーロラ遭遇必勝法

オーロラは未だに多くの謎に包まれていて、いつどこで出るのかを予知するのはとても難しい。

しかし、最先端の科学から導かれるコツを備えておけば、神秘のオーロラを高確率でねらい撃ちすることができる。かずかずの星空観測会で悪天候を呼び寄せた筆者でさえ、4日間の観測でオーロラの乱舞に出会えた。

オーロラを確実に見るためには、いつ、どこに行けばいいのだろう？

5つのオーロラ遭遇の必勝法を伝授しよう。

■必勝法1：場所を決める

オーロラはなんとなく「寒いところ」で見られるイメージがある。しかし、ただただ極寒の地に行けばいいわけではない。

＜オーロラが見えやすいゾーン＞

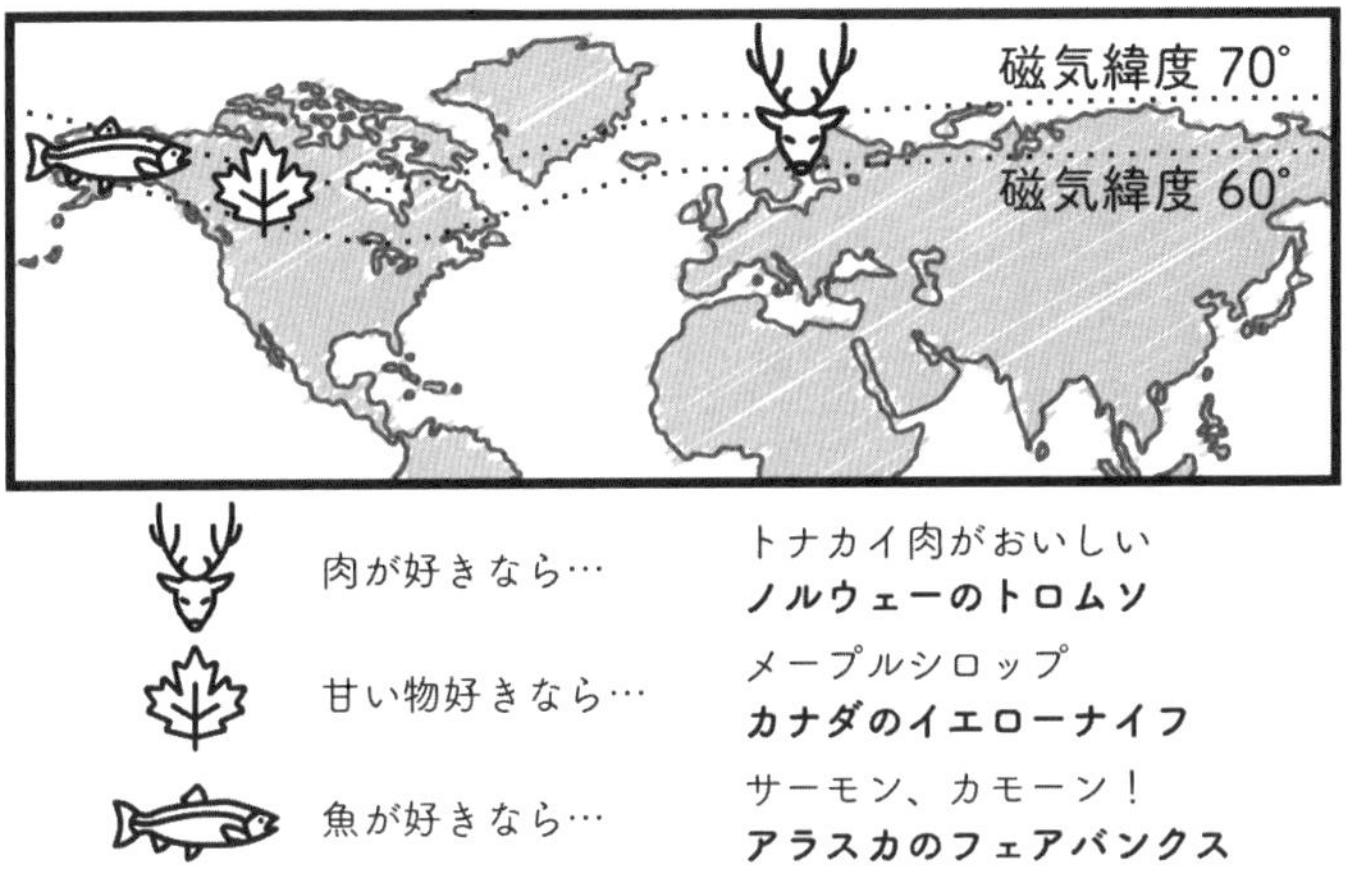
磁気緯度 70°
磁気緯度 60°
肉が好きなら…
トナカイ肉がおいしい
ノルウェーのトロムソ
甘い物好きなら…
メープルシロップ
カナダのイエローナイフ
魚が好きなら…
サーモン、カモーン！
アラスカのフェアバンクス

地球上の場所は、地球の自転軸を基準にした緯度と経度で表される。

オーロラには地球の磁石の力が関係しているので、磁石の軸を基準にした、磁気緯度というモノサシを使う。ズバリ、**磁気緯度60~70度のエリアが、オーロラの発生確率の高いラッキーゾーン**だ。オーロラの観光スポットとして有名な場所は、たいていこのゾーンにある。

オーロラ観測は日本人に人気なので、どこであっても日本語対応可能なホテルやロッジを見つけられるだろう。どの場所にするかは、お好み次第。決められなければ、食べ物で選べばいい。

■必勝法２：年を決める

オーロラは、太陽の活動が激しければ激しいほど、派手に光る。太陽の激しさを知るうえで注目すべきは、太陽の黒点だ。

黒点とは、太陽表面で温度が低く黒く見える場所である。温度が低い分、磁石の力（磁場）が強い。この磁場がねじれて爆発を起こすと、プラズマと磁場がパンパンにつまった固まりが宇宙に放出される。専門用語で、コロナ質量放出（Coronal Mass Ejection：ＣＭＥ）と呼ばれている。これが地球を直撃すると、ド派手なオーロラが乱舞する。オーロラをねらうなら、太陽表面で黒点が多く、爆発しやすい時期を選ぶといい。

太陽表面の黒点の数は、平均すると、11年周期で増減を繰り返している。3年くらいは黒点の多い時期が続く。**ラッキーイヤーは、11年間のうちの3年間**ということだ。随時黒点の数をチェックし、増えてきてから旅行を計画しても遅くはない。

ちなみに、どうしても行きたい年に黒点が少なくても、オーロラが見られないわけではない。黒点がなくても、派手なオーロラが出る場合もある。目には見えないがX線で見える黒い穴「コロナホール」があるときだ。磁場は強くないが、高速のプラズマが吹きつけ、オーロラを起こす。

黒点やコロナホールの状況は、随時、「宇宙天気予報」のウェブサイトで発信されている。常日頃から確認する癖をつけておこう。

■必勝法3：月を決める

場所は決まった。年も決まった。では、何月に行くのがいいか。

オーロラを見るには、空は暗くなければいけない。夜の時間が長いのは、12月〜1月だ。しかし過去の研究や観測事実から、オーロラは春（3月ごろ）や、秋（9月ごろ）に多いことが知られている。メカニズムは、まだ完全に解明されていない部分もあるが、地球の磁石の向きと、太陽風の磁石の向きとの兼ね合いが関係している。

そして、この次に伝授する「27日の法則」を考えると、**3月がラッキーマンス**だ。

■必勝法4：日を決める

最後に日にちまで決めてしまおう。

オーロラ観測は、他の星空観測と同様、晴れていることが必須条件だ。しかし、1～2ヶ月前に日程を組むときに天気はわからないため、数泊は確保しておきたい。晴れたときの観測確率を高めるために、ラッキーイヤーの話を思い出してほしい。太陽の黒点やコロナホールから、いつもより激しいプラズマが放出され、地球に直撃すると派手なオーロラが出る。

太陽も、地球や月と同じように自転をしている。地球を向いていた黒点やコロナホールがまた地球を向くまでの周期は約27日。つまり、**太陽の黒点やコロナホールが関係するド派手なオーロラが見えた日の27日後**に、同様のオーロラが見える可能性があるのだ。

これですべての必勝法がそろった。以下のように、日程を導き出そう。

- **磁気緯度65度から場所を選定する**
- **黒点が多い年をねらう**
- **1月と2月のオーロラ観測のレポートを毎日チェックする**
- **黒点やコロナホールがつくるド派手なオーロラが見えた日を確認する**
- **右記の日から、27日後にあたる3月中の日にちを選ぶ**
- **その前後数日をオーロラ観測旅行の日として確保する**

おっと、**5つ目の必勝法**を忘れていた。たとえ1回目がダメでも諦めないこと。次は必ず見られる。次回まで待つ期間は……46億年に比べりゃ、誤差だ。

一生に一度は見ておいてほしい。人生を変える感動が待っている。

オーロラは天空の結婚祝賀会

太陽データを分析して
人生を変える感動体験を！

撮影：アラスカ・フェアバンクスにて

銀河レベルで考えろ

Think
Galaxy
-epilogue-

おわりに

ここで、筆者の紹介をしよう。
宇宙博士の井筒智彦。34歳。NASAの人工衛星THEMISのデータを解析して、オーロラを光らせるプラズマ粒子の輸送過程について研究し、2013年に東京大学で博士号（理学）を取得した。
その後、米コロラド大学のNASA次世代衛星の解析チームに所属する話が進んでいたが、途中で辞退し、広島県の山奥、北広島町芸北地域に移住した。限界集落をかかえるハードな過疎地だ。

なぜ研究者として生きる道をやめて、過疎地へ移住したのか？

研究時代は、ずっと自分の知的好奇心を満たすばかりの日々だった。研究内容は、細分化されたマニアックな宇宙の謎に迫るもので、すぐに何かの役に立つものではなかった。

直接、人を喜ばせるようなことに飢えていた。宇宙が好きで、自然が好きで、動物が好きだったので、ある日「動物　ソーシャルビジネス」と検索したら「ぞうさんペーパー」に出会った。


「ぞうさんペーパー」とは、ゾウの糞をリサイクルした再生紙。スリランカでつくられている。この国では、ゾウが民家に現れて人を踏みつぶし、射殺されるという社会問題があった。しかし、激化する内戦を前に未解決のまま放置されていた。

「ぞうさんペーパー」は、敵対関係にあった人とゾウを互いにビジネスパートナーに変え、製品が売れるほど社会問題が解決していくというビジネスモデルになっていた。

そこに、感銘を受けた。


「ぞうさんペーパー」をめぐる破天荒な冒険起業のエピソードは、『冒険起業家　ゾウのウンチが世界を変える。』(ぞうさん出版)に記されている。400ページのボリュームだが、銀河の厚みに比べりゃ誤差。一晩で読めるので、ぜひ、手に取ってほしい。

「ぞうさんペーパー」を手掛ける株式会社ミチコーポレーションがインターンの募集をしていたので、訪ねてみると、意外な展開となった。

世界の発展途上国であるスリランカから、日本の過疎地を舞台に新たな起業をするという。場所は、豪雪地帯の過疎地。この地域には、長い冬を越えるために伝統的な保存食の文化が発達している。まず、手始めに保存食を製品化しよう。

ただ、せっかく「宇宙」という武器が加わるなら、田舎保存食を宇宙食にすれば、地域が盛り上がるのではないか――。こちらが話す間もなく圧倒されるまま、そんなアイディアがポンポンと出てきた。

「宇宙」というものが、日本の社会問題である過疎地域活性化に貢献できるかもしれない。具体的な成算はなかったが、宇宙の博士号を取って、町おこしに取り組む人間なんて聞いたことがなかった。世界初だろう。ならば、やってみよう、と。

実のところ、当時、どのような思考回路だったかは、詳しく覚えていない。深く考えずに、決断していた。親には適当にごまかして事後報告しよう、それだけは覚えている。

移住後は、「宇宙町おこしプロデューサー」として、宇宙のロマンで都会と田舎をつなぐ星空観測会や宇宙飛行士体験イベントを開催した。講演会にも呼ばれるようになった。移住してからの6年間で、のべ1万人を超える人たちに、星の案内や宇宙の話をしてきた。

現在は、ミチコーポレーション所属の「宇宙タレント」として、広島で毎週3本のレギュラー番組に出演している。毎週、ラジオ（ＲＣＣラジオ『おひるーな』）では約10万人、テレビ（広島ホームテレビ『みみよりライブ５ｕｐ！』）では20～30万人規模の人たちに、宇宙や田舎の視点で話をするようになった。

＊

本書を書くきっかけになった出来事がある。

広島で起こった豪雨災害だ。1つは、「平成26年（２０１４年）8月豪雨による広島市の土砂災害」。もう1つは、「平成30年（２０１８年）7月豪雨」による西日本を中心に起きた土砂災害だ。

広島に来てから知り合った多くの人たちが被災し、馴染みとなっていた場所が激変した。

でも、こんなときに「宇宙」は何のチカラにもなれない。体力がある自分は、汗をかくしかないと思い、土砂撤去のボランティアに参加した。２０１４年は安佐北区の三入地区、２０１８年は呉市の安浦地区と倉橋地区、広島市の畑賀地区に行った。


宇宙や星が楽しめるのは、天気が穏やかであってこそ。

しかし、それでも、何か「宇宙」が役に立つことがないか調べた。

すると、宇宙や自然への畏怖の念を持つことで、自然災害やトラウマから克服するレジリエンス(逆境を乗り越える力)が備わるという科学的な研究があることを知った。

宇宙は、人の役に立てるかもしれない。

そう信じて、改めて考えてみると、日常の多くのトラブルや悩みに対しても、宇宙的な視野を持つことで解消できることがあると思えてきたのだ。

日常の悩み解消に宇宙が役立つことは、星空観測会に参加した人や、テレビの視聴者、ラジオのリスナー（友だち感覚でずけずけといろんなことを言ってくれる）からの手紙やコメントからも教えてもらった。

「心にかかえていた悩みが、同じ星を見ながら、その奥に広がる宇宙のお話を聴いていたら、少し晴れやかな気持ちになりました」と。

1人でも、そう思ってもらえるなら、本にしてみようか。


ネットでの中傷も、この本を書くきっかけになった。

これまで宇宙の勉強しかしてこなかったので、メディアで空気の読めない発言をしたことがあった。それをボロクソに書かれたのだ。誰もが知るスターならまだしも、こちとら20等星のような存在。傷ついて何ヶ月も落ちこんだ。

しかし、星空観測会を続け、圧倒的な宇宙に触れているうちに、悩みなんてどうでもよくなっていた。宇宙や星の話をして人に喜ばれることも、自信の回復につながった。むしろ、ネットでの中傷は、自分を向上させてくれるものだと受け入れられるようになった。言語が伝わり合うって素晴らしいのだ！　地球人バンザイ!!

こうした経緯を経て、宇宙が持つ人を許すチカラ、励ますチカラ、楽しませるチカラを伝えようと思い、本書を著したわけだ。

＊

今、この地球には、イライラやクヨクヨが蔓延している。
それらにとらわれて歩みを止めてしまってはもったいない。

この地球には、宇宙に比べても誤差じゃないものがある。
それは、人間の可能性と夢だ。これらは、無限大。

限られた時間は、可能性を広げること、夢に向かっていくことに使うべきだ。
広い宇宙に奇跡的に誕生した人間の力は、まだこんなもんじゃない。

あなたが前に進むことに、この本が役立った部分があれば、本当に嬉しい。

天にも昇る想いだ。

二〇一九年九月

宇宙博士　井筒智彦

George Greenstein (2013) Understanding the Universe: An Inquiry Approach to Astronomy and the Nature of Scientific Research

河合雅司 (2017)『未来の年表　人口減少日本でこれから起きること』(講談社現代新書)

SIL International (2019) Ethnologue

Paul W. Eastwick and Lucy L. Hunt (2014) Relational mate value: Consensus and uniqueness in romantic evaluations

Lucy L. Hunt et al. (2015) Leveling the Playing Field: Longer Acquaintance Predicts Reduced Assortative Mating on Attractiveness

Nanae Kojima et al. (2006) 恋愛における告白の成功・失敗の規定因 Factors influencing success and failure of confessing one's love

＜第２章＞
Mitsuko Yasuda et al. (2007) Low testosterone level of middle-aged Japanese men – the association between low testosterone levels and quality-of-life

Amy Cuddy (2015) Presence: Bringing Your Boldest Self to Your Biggest Challenges

ABRAHAM MYERSON, RUDOLPH NEUSTADT (1939) INFLUENCE OF ULTRAVIOLET IRRADIATION UPON EXCRETION OF SEX HORMONES IN THE MALE

松井孝嘉 (2018)『自律神経が整う 上を向くだけ健康法』(朝日新聞出版)

Marcus E. Raichle (2010) The Brain's Dark Energy

Steven M. Southwick, Dennis S. Charney (2012) Resilience The Science of Mastering Life’s Greatest Challenge

René Proyer, Lisa Wagner (2015) Playfulness in Adults Revisited: The Signal Theory in German Speakers

E. Mavis Hetherington, John Kelly (2003) For Better or for Worse: Divorce Reconsidered

＜第３章＞
宮沢賢治 (1989)『新編 銀河鉄道の夜』(新潮文庫)

マイケル・グラント、ジョン・ヘイゼル (1988)『ギリシア・ローマ神話事典』(大修館書店)

Stephen T. Emlen (1967) Migratory orientation in the Indigo Bunting Passerina cyanea. Part I: evidence for use of celestial cues

Marie Dacke et al. (2013) Dung Beetles Use the Milky Way for Orientation

武論尊、原哲夫 (1985)『北斗の拳 8』(ジャンプ・コミックス)

片岡龍峰 (2015)『オーロラ !』(岩波科学ライブラリー)

参考文献

＜第１章＞

Mary Roach (2011) Packing for Mars: The Curious Science of Life in Space

Christopher J. Conselice et al. (2016) THE EVOLUTION OF GALAXY NUMBER DENSITY AT z < 8 AND ITS IMPLICATIONS

Toru Kouyama et al. (2013) Long - term variation in the cloud - tracked zonal velocities at the cloud top of Venus deduced from Venus Express VMC images

V. E. SUOMI et al. (1991) High Winds of Neptune: A Possible Mechanism

Tom Louden, Peter J. Wheatley (2015) Spatially resolved eastward winds and rotation of HD 189733b

T. A. Scambos et al. (2018) Ultralow Surface Temperatures in East Antarctica From Satellite Thermal Infrared Mapping: The Coldest Places on Earth

R. Sahai et al. (2017) The Coldest Place in the Universe: Probing the Ultra-Cold Outflow and Dusty Disk in the Boomerang Nebula

若田光一 (2016)『一瞬で判断する力』（日本実業出版社）

ケヴィン・W・ケリー (1988)『地球 / 母なる星―宇宙飛行士が見た地球の荘厳と宇宙の神秘』（小学館）

デール・カーネギー（1999）『人を動かす　新装版』（創元社）

A. M. Ghez et al. (2008) Measuring Distance and Properties of the Milky Way's Central Supermassive Black Hole with Stellar Orbits

Nicholas J. McConnell et al. (2012) DYNAMICAL MEASUREMENTS OF BLACK HOLE MASSES IN FOUR BRIGHTEST CLUSTER GALAXIES AT 100 Mpc

Paul A. Crowther (2016) The R136 star cluster dissected with Hubble Space Telescope/STIS. I. Far-ultraviolet spectroscopic census and the origin of He II λ1640 in young star clusters

Wen CP et al. (2011) Minimum amount of physical activity for reduced mortality and extended life expectancy: a prospective cohort study

シェリー・ベネット (2003)『ラーラはただのデブ』（集英社文庫）

David R. Williams (2018) Sun Fact Sheet

Cheng Li et al. (2017) The distribution of ammonia on Jupiter from a preliminary inversion of Juno microwave radiometer data

Patrick G. J. Irwin et al. (2018) Detection of hydrogen sulfide above the clouds in Uranus’ s atmosphere

Pat Dasch (2004) Icy Worlds of the Solar System

企画・協力	安部 毅一
プロデュース	中野 健彦
編集・構成	深谷その子
撮影	古原 嗣健
カバーデザイン	江口 修平
本文ＤＴＰ・イラスト	井筒 智彦
校正	川平 いつ子

井筒 智彦 **（いづつ ともひこ）**
1985 年 1 月 1 日、東京都西東京市生まれ。2013 年 3 月、東京大学理学系研究科 地球惑星科学専攻 博士課程修了。オーロラ粒子の波動現象を世界で初めて実証し、地球電磁気・地球惑星圏学会オーロラメダル受賞。同年 5 月、NASA 人工衛星の解析チーム入りを辞退し、少子高齢過疎化が深刻に進む広島県北広島町芸北地域に移住。
「限界集落から宇宙へ」を合い言葉に、宇宙をテーマに田舎の魅力を発信するさまざまな町おこし企画に取り組む。狩猟家としての一面も持つ。
2015 年 4 月より株式会社ミチコーポレーション所属のタレントとして活動開始。同年 7 月、人間力大賞・総務大臣奨励賞を受賞。
2018 年、『冒険起業家 ゾウのウンチが世界を変える。』の装幀・装画を担当。現在、RCCラジオ『おひるーな』、広島ホームテレビ『みみよりライブ 5 up !』に毎週レギュラーで出演中。

Official Site: https://izutsu.space
YouTube: 『東大宇宙博士 井筒智彦』
Twitter: https://twitter.com/Tomohiko_Izutsu
Facebook: https://www.facebook.com/izutsu.tomohiko

Think Galaxy　銀河レベルで考えろ
2019 年 11 月 20 日　第 1 刷発行

著　者　　井筒 智彦
発行者　　植田 紘栄志
発行所　　株式会社ミチコーポレーション
〒731-2431 広島県山県郡北広島町荒神原 201
電話 0826-35-1324　　FAX 0826-35-1325
https://www.zousanbooks.com
印刷・製本　　プリ・テック株式会社

　ISBN978-4-9903150-3-0 C0030